影 视 特 效

主　编　欧君才
副主编　李尚蒸　赖秦超　张迪茜　杨　丽
主　审　于　一

北京航空航天大学出版社

内 容 简 介

After Effects CS4 是一款非常优秀的视频编辑软件,尤其在影视后期和栏目包装行业的应用最为广泛。

全书共 9 章,分别介绍了色彩校正与调色、文字动画、键控抠像、跟踪与稳定、超级粒子、动态背景、三维空间、经典特效与灯光效果、综合实例,其中涉及大量的 After Effects CS4 操作精髓及设计思想。

本书内容丰富,结构清晰,技术参考性强,讲解由浅入深且循序渐进,涵盖面广又不失细节描述的清晰细致。

本书非常适合 After Effects 的初中级用户学习,对从事影视后期制作的专业人员也有较高的参考价值,同时也可作为各大院校和社会培训机构的教材。

图书在版编目(CIP)数据

影视特效 / 欧君才主编. - - 北京 : 北京航空航天大学出版社,2014.8

ISBN 978 - 7 - 5124 - 1294 - 1

Ⅰ. ①影… Ⅱ. ①欧… Ⅲ. ①图像处理软件—高等职业教育—教材 Ⅳ. ①TP391.41

中国版本图书馆 CIP 数据核字(2013)第 256922 号

影视特效

主 编 欧君才

副主编 李尚蒸 赖秦超 张迪茜 杨 丽

主 审 于 一

责任编辑 罗晓莉

*

北京航空航天大学出版社出版发行

北京市海淀区学院路 37 号(邮编 100191) http://www.buaapress.com.cn

发行部电话:(010)82317024 传真:(010)82328026

读者信箱:goodtextbook@126.com 邮购电话:(010)82316524

北京艺堂印刷有限公司印装 各地书店经销

*

开本:787×1092 1/16 印张:17.5 字数:448 千字

2014 年 8 月第 1 版 2014 年 8 月第 1 次印刷 印数:2 000 册

ISBN 978 - 7 - 5124 - 1294 - 1 定价:88.00 元

前　言

随着计算机硬件技术的快速发展,影视动画制作在硬件方面对行业的约束已经越来越小了,随之而来的最大困难就是对软件的学习,尤其是在掌握软件的基本应用后,如何利用有限的软件功能实现精彩的特效,跨越"提高"的瓶颈。本书详细讲解了 36 个精彩实例的制作,内容涉及影片调色、三维空间、键控抠像、超级粒子、文字动画、跟踪与稳定、动态背景、经典特效与灯光效果等常用的技术技法。

本书按照项目教学分 9 章。第 1 章 色彩校正与调色;第 2 章 文字动画;第 3 章 键控抠像;第 4 章 跟踪与稳定;第 5 章 超级粒子;第 6 章动态背景;第 7 章 三维空间;第 8 章 经典特效与灯光效果;第 9 章 综合实例。

本书不仅有针对性很强的典型实例,在本书的最后一章还为读者安排了一个综合实例,这样,读者不仅可以掌握 After Effects 强大的特效功能,还可以对影视后期合成工作的一般流程有一个感性的认识,了解到商业设计中的一些非常实用的操作技巧,丰富自己的实战经验。

为了方便读者的学习,本书提供了全书的素材、工程文件。工程文件必须使用 After Effects CS4 以上的版本打开。有需要的读者请与出版社(010 - 82317036,goodtextbook@126.com)联系索取。

目　　录

第1章　色彩校正与调色

1.1　色阶和曲线

技术分析

使用 Levels(色阶)或 Curves(曲线)来调整图片色彩,以达到天变亮的效果。

本例知识点

"色阶"指亮度,和颜色无关。"色阶"特效允许通过调整图像的阴影、中间调和高光的强度级别,从而校正图像的色调范围和色彩平衡。但"曲线"不同的是,它允许在图像的整个色调范围(从阴影到高光)内最多调整 14 个不同的点,也可以使用"曲线"对图像中的个别颜色通道进行精确的调整。

1.1.1　导入素材并创建合成

步骤 1:单击选择 File(文件)/Import(导入)/File(文件),导入素材,如图 1-1 所示。

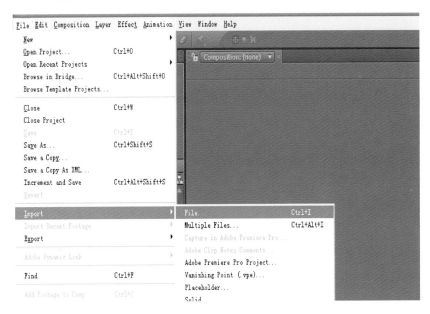

图 1-1　导入文件

步骤 2:选择素材"1.1　森林"并打开,见图 1-2。

步骤 3:选中图片,将图片拖至新建合成按钮(见图 1-3),形成合成"1.1　森林",效果如图 1-4 所示。

图 1 - 2　选择素材

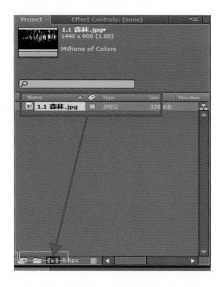

图 1 - 3　创建合成

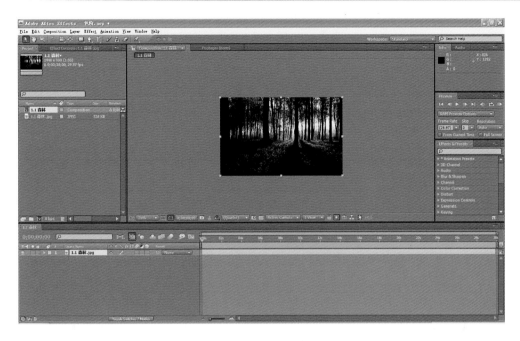

图 1-4　合成"1.1 森林"

1.1.2　使用 Levels(色阶)调整色彩

步骤 1：选中"1.1 森林.jpg"层，再单击选择 Effect(效果)/Color Correction(色彩校正)/Levels(色阶)，如图 1-5 所示。

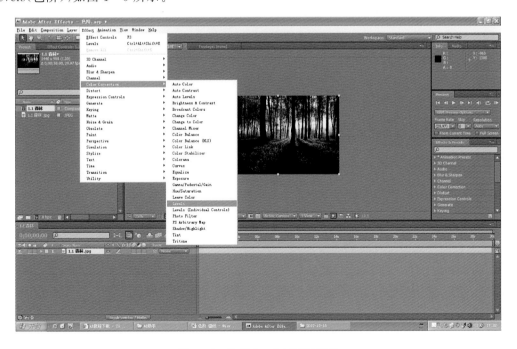

图 1-5　选择 Levels(色阶)特效

步骤 2：调整参数"Gamma"为"1.60"，如图 1-6 所示。

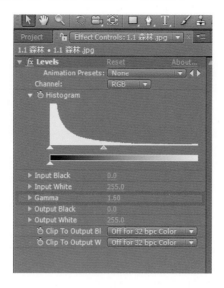

图 1-6　Levels(色阶)参数调整

最终效果图如图 1-7 所示。

图 1-7　Levels(色阶)调整效果图

1.1.3　使用 Curves(曲线)调整色彩

步骤 1：选中"1.1 森林.jpg"层，单击选择 Effect(效果)/Color Correction(色彩校正)/Curves(曲线)，如图 1-8 所示。

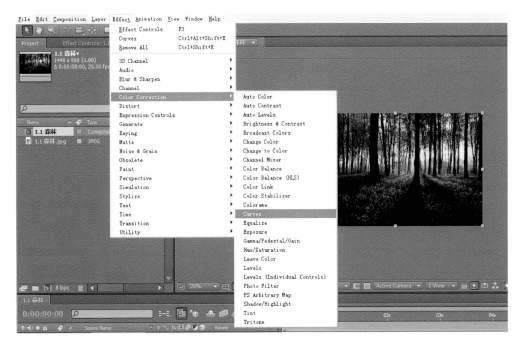

图 1 - 8　Curves(曲线)特效

步骤 2：调整曲线中的锚点,参考设置如图 1 - 9 所示。

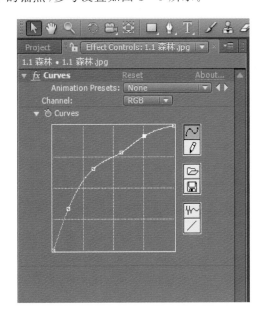

图 1 - 9　Curves(曲线)参数调整

最终效果图如图 1 - 10 所示。

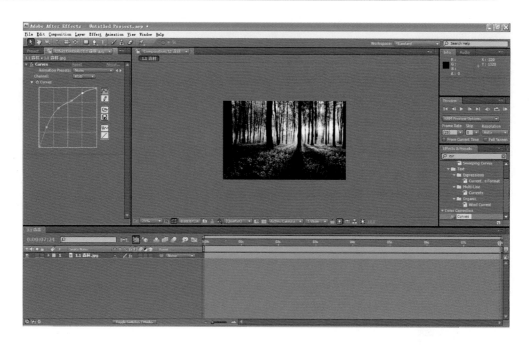

图 1 - 10　Curves(曲线)调整效果图

1.2　降　噪

技术分析

使用 Remove Grain(降噪)来调整人物图片,以达到美化图片的效果。

本例知识点

在影视制作的人物处理中,常常因为前期拍摄的原因,照片上往往会产生噪斑,无法展示照片的完美效果,所以人物的降噪处理是后期必做的一个环节。本例主要讲解 After Effects CS4 中的 Remove Grain(降噪)特效,通过简单的参数设置修改照片,完成降噪处理。

1.2.1　导入素材并创建合成

步骤 1:导入"1.2 人物"素材,选中"1.2 人物.jpg"素材,将之拖动至"新建合成"图标上生成"1.2 人物合成",如图 1 - 11 所示。

步骤 2:按 Ctrl+K 组合键打开 Composition Settings(合成设置)对话框,设置 Duration (延迟时间)为 5 s,如图 1 - 12 所示。

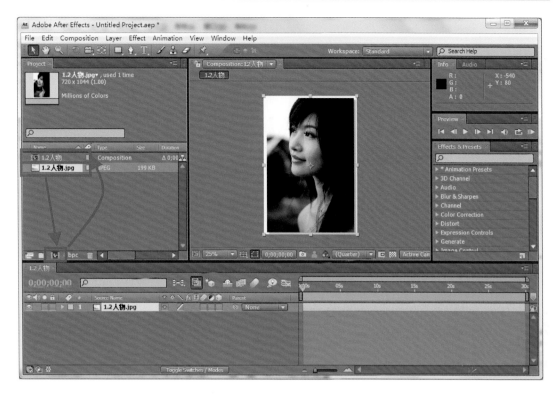

图 1-11　新建合成

图 1-12　合成设置

1.2.2　使用 Remove Grain(降噪)美化图片

步骤 1：选中"1.2 人物.jpg"层，再单击选择 Effect(效果)/Noise & Grain(噪波与颗粒)/Remove Grain(降噪)，如图 1-13 所示。

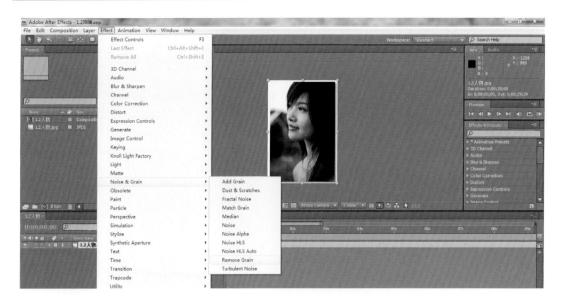

图 1 - 13　Noise & Grain(噪波与颗粒)特效

步骤 2:取样。设置取样参数如图 1 - 14 所示,并将噪波取样点拖放到噪点较多的位置。

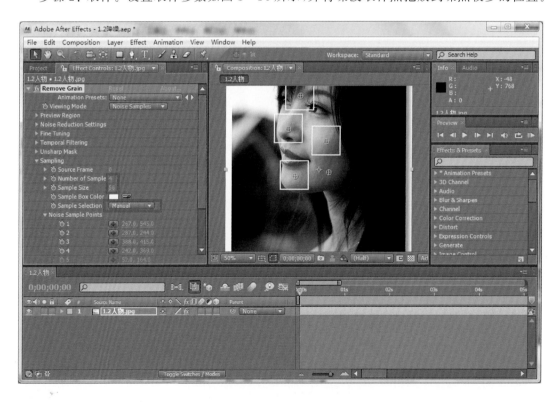

图 1 - 14　Sampling(取样)参数设置

步骤 3：减少噪波。设置 Viewing Mode（查看模式）为 Final Output（最终输出），并设置 Noise Reduction（噪波减少）值为 2.260，最后在空白处单击鼠标，效果如图 1－15 所示。

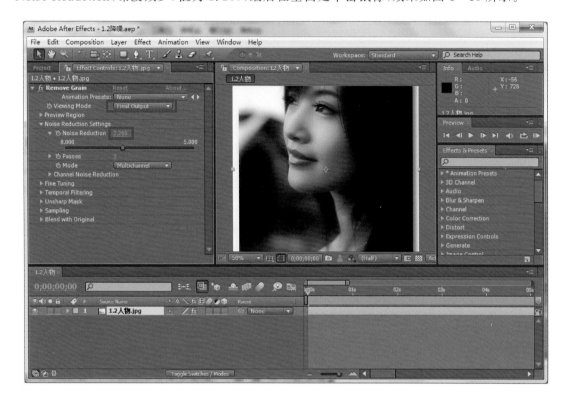

图 1－15　降噪效果

1.3　色相与饱和度

技术分析

使用 Hue/Saturation（色相/饱和度）来调整图像中单个颜色分量的 Hue（色相）、Saturation（饱和度）和 Lightness（亮度），以达到美化图片的效果。

本例知识点

通过调整 Hue/Saturation（色相/饱和度）、Ramp（渐变）改变图片的颜色。

1.3.1　导入素材并创建合成

步骤：导入"1.1 色相与饱和度调节"素材，拖动至新建合成按钮上创建合成，如图 1－16 所示。

图 1-16　导入素材并创建合成

1.3.2　祛除图片色彩

步骤 1：为"1.1 色相与饱和度调节"层添加 Hue/Saturation(色相/饱和度)特效。选中该层，单击选择 Effect(效果)/Color Correction(色彩校正)/ Hue/Saturation(色相/饱和度)，如图 1-17 所示。

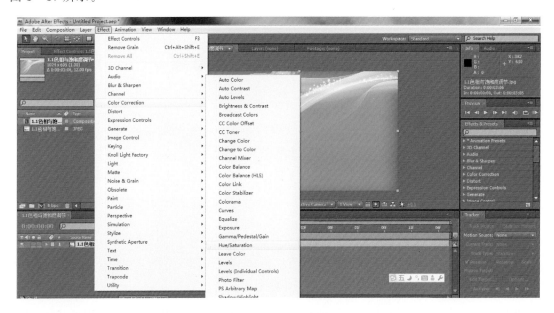

图 1-17　添加 Hue/Saturation(色相/饱和度)特效

步骤 2：设置参数，勾选 Colorize(着色)，并将 Colorize Saturation(饱和度)设置为 0，Colorize Lightness(亮度)设置为 54，使图片变成黑白色，如图 1-18 所示。

图 1-18 设置 Colorize(着色)参数

1.3.3 改变图片颜色

步骤 1：按下组合键 Ctrl＋Y，新建 Solid(固态层)，改名为"渐变色"，单击 OK 键，如图 1-19 所示。

图 1-19 新建"渐变色"层

步骤 2：选择 Effect(效果)/Generate(生成)/Ramp(渐变)，为"渐变色"层添加 Ramp(渐变)特效，如图 1-20 所示。

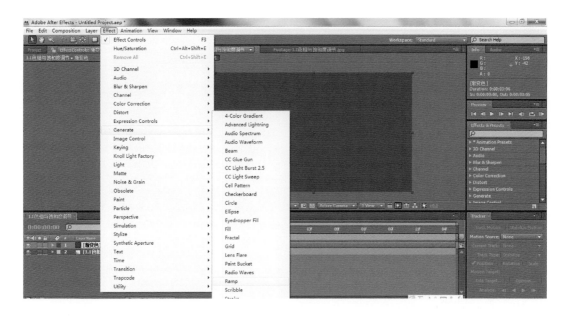

图 1 – 20　添加 Ramp(渐变)特效

步骤 3：设置如图 1 – 21 所示 Ramp(渐变)参数。

图 1 – 21　设置 Ramp(渐变)参数

步骤 4：单击修改图层混合模式为 Color Burn(颜色加深)，如图 1 – 22 所示。最终效果如图 1 – 23 所示。

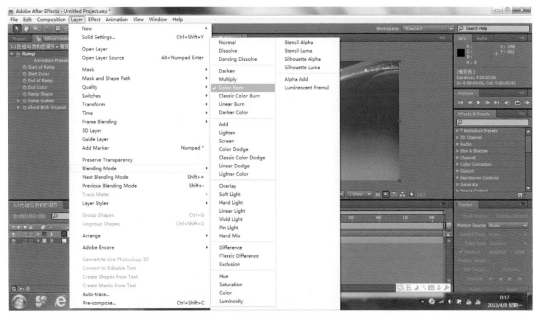

图 1 – 22　设置图层混合模式

图 1 – 23　效果图

1.4　颜色替换

技术分析

使用 Change to Color(转换颜色)来更改图片中从一种颜色到另一种颜色。

本例知识点

用 Change to Color(转换颜色)特效为模特替换衣服颜色。

1.4.1 创建合成并导入素材

步骤 1：选择 Composition(合成)/New Composition(新建合成)，创建"颜色替换"合成，设置如图 1-24 所示对话框。

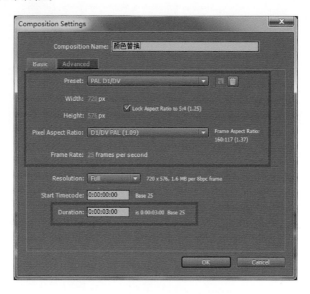

图 1-24 创建"颜色替换"合成

步骤 2：导入"1.5 颜色替换"素材，将其拖放至合成窗口中，在合成窗口中把图片放到合适的位置，如图 1-25 所示。

图 1-25 导入"1.5 颜色替换"素材

1.4.2　替换衣服颜色

步骤 1：选择"1.5 颜色替换"层，单击选择 Effects（效果）/Color Correction（色彩校正）/Change to Color（转换颜色），如图 1－26 所示。

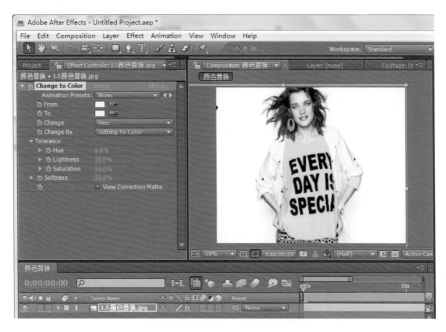

图 1－26　添加 Change to Color（转换颜色）特效

步骤 2：单击 From（从）后的吸管吸取要替换的衣服颜色——黄色，因为现在 To（到）的颜色为白色，所以图片衣服变为红色，如图 1－27 所示。

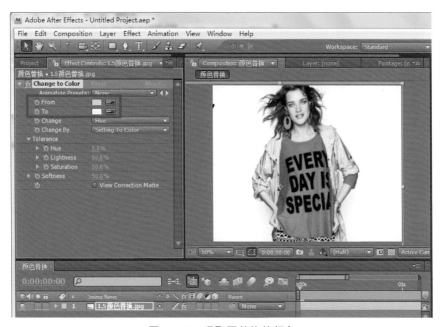

图 1－27　吸取要替换的颜色

步骤 3：单击 To(到)后的调色板，选择蓝色，完成颜色替换，如图 1 – 28 所示。

图 1 – 28　替换颜色

最终效果如图 1 – 29 所示。

图 1 – 29　效果图

第 2 章　文字动画

2.1　路径文字动画

技术分析

本例主要利用文字层的路径选项属性,制作路径文字动画,利用渐变特效制作背景,最后再用辉光特效让文字层产生光晕。

本例知识点

在文本层上绘制一条开放的路径,并为其设置形状动画,然后指定文字沿路径移动,并设置移动动态。

步骤 1:新建一个合成,命名为"路径文字动画",Width(宽)为 720px,Height(高)为 576px,Pixel Aspect Ratio 为 D1/DV PAL(1.09),Duration(持续时间)为 5 s,Frame Rate(帧速率)为 25,如图 2-1 所示。

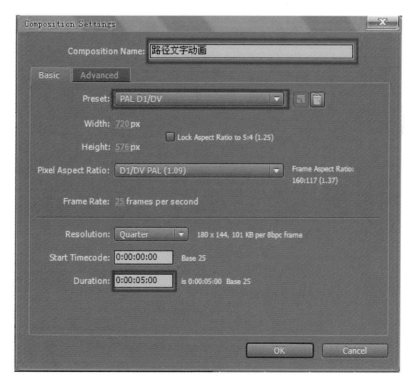

图 2-1　新建"路径文字动画"合成

步骤 2:使用 Horizontal Type Tool(横排文字工具)在 Composition(合成)窗口中输入一段文字,如图 2-2 所示。

图 2 - 2 用文字工具在合成窗口中输入文字

步骤 3：选择文字层，然后使用"钢笔工具"在 Composition（合成）窗口中绘制一条曲线，然后展开文字层下的 Path Options（路径选项）属性，接着在 Path（路径）属性的下拉列表中选择 Mask1（遮罩 1），这就可以发现文字按照绘制的曲线排列，如图 2 - 3 所示。

步骤 4：选择文字层，调整时间到 0：00：00：00 处，设置 Path Options（路径选项）属性下的 First Margin（首对齐）的值为－601，并打开其关键帧按钮；然后调整时间到 0：00：04：24 处，修改 First Margin（首对齐）的值为 909。这样完成了文字层从左到右的路径动画，如图 2 - 4 所示。

步骤 5：为了画面不单调，可以复制多个文字路径动画。在时间线窗口中，复制多个相同的文字层，接着调整每个文字层的字号大小、位置和曲线遮罩，让其产生变化，如图 2 - 5 所示。

步骤 6：将每个文字层的出入点进行错位，让每个文字层出入的时间产生变化，如图 2 - 6 所示。

步骤 7：选择所有的路径文字层，然后按 Ctrl＋Shift＋C 组合键将所有的路径文字图层进行预合成，并将合成的名字改为路径文字合成，如图 2 - 7 所示。

步骤 8：在"路径文字动画"合成中，新建一个固态层，放在底部，作为背景，为固态层添加 Generate/Ramp（特效），特效参数如图 2 - 8 所示。

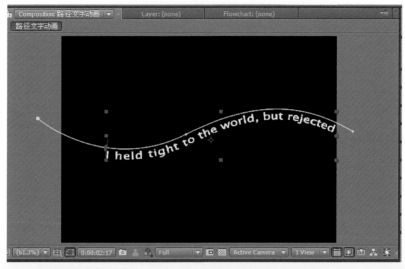

图 2 - 3　绘制曲线遮罩并设置路径为曲线遮罩

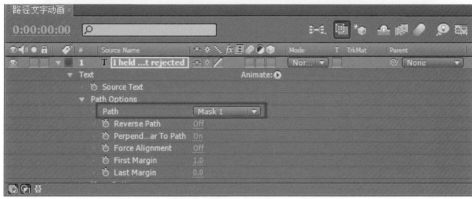

图 2 - 4　设置路径开始和结束的关键帧动画

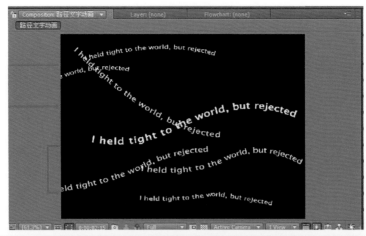

图 2 - 5　复制文字层并调节每一个文字层

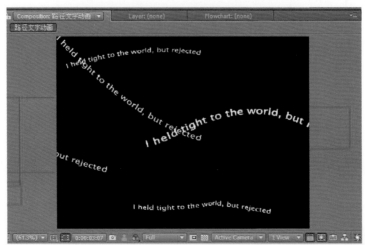

图 2 - 6　修改每一个文字层的时间入点

图 2-7　把所有文字层合并到一个合成中

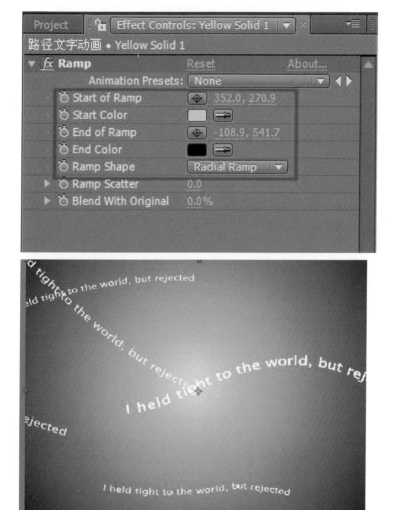

图 2-8　制作背景渐变

步骤 9：选择"路径文字合成"层，为其添加 Stylize/Glow 特效，具体参数如图 2－9 所示。

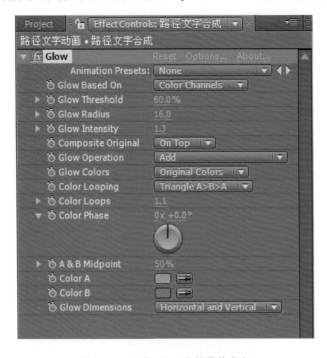

图 2－9　设置 Glow 特效具体参数

步骤 10：最终效果如图 2－10 所示。

图 2－10　最终效果

2.2　光斑文字

技术分析

本例主要通过学习 Create Masks from Text 命令制作文字遮罩层，再利用 Vegas 滤镜制作流动线条，最后添加 Starglow 滤镜为线条添加光斑。

本例知识点

学习通过 AE 自带的命令对文字边缘的提取遮罩，基于文字边缘遮罩路径制作流动发光特效，最后再制造辉光效果丰富画面。

2.2.1　建立文字遮罩层

步骤 1：新建一个合成，命名为"光斑文字"，Width（宽）为 720px，Height（高）为 576px，Pixel Aspect Ratio 为 D1/DV PAL（1.09），Duration（持续时间）为 5 s，Frame Rate（帧速率）为 25，如图 2 - 11 所示。

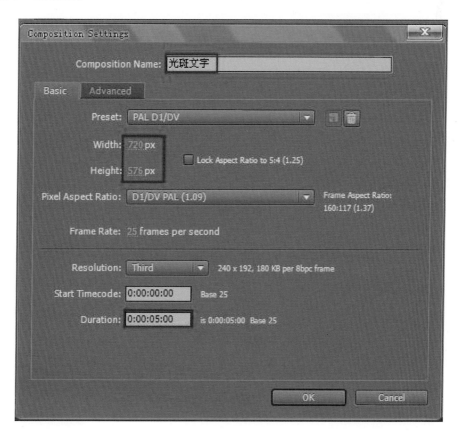

图 2 - 11　新建"光斑文字"合成

步骤 2：单击 Tools（工具）面板中的文字工具，使用文字工具直接在合成窗口输入文字"光斑文字"，如图 2 - 12 所示。

图 2 - 12　在合成面板中输入文字

步骤 3：选择时间线面板中的"光斑文字"层,右击鼠标,选择 Create Masks from Text 命令,系统自动创建一个基于"光斑文字"层的遮罩图层"光斑文字 Outlines",如图 2 - 13 所示。

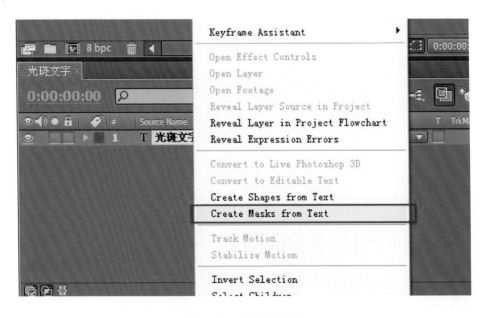

图 2 - 13　创建文字遮罩

图 2 - 13　创建文字遮罩(续)

2.2.2　制作光斑文字

步骤 1：选择"光斑文字 Outlines"层，单击选择菜单中的 Effect/Generate/Vegas 命令，为它添加 Vegas 特效，在 Effect Controls(特效控制)面板中设置 Color 项的 RGB 值为(228，222,3)，其他设置如图 2 - 14 所示。图 2 - 15 为 Vagas 的特效效果图。

步骤 2：选择"光斑文字 Outlines"层，调整时间到 0:00:00:00 处，设置 Vegas 特效控制面板中的 Rotation 项的值为 0×00，并打开它的关键帧按钮。然后调时间到 0:00:04:24 处，调整 Rotation 项的值为 2×00，如图 2 - 16 所示。

步骤 3：选择"光斑文字 Outlines"层，单击选择菜单中的 Effect/Trapcode/Starglow 命令，为它添加 Starglow 特效，在特效控制面板中调整如图 2 - 17 所示的参数。

步骤 4：为整个光斑文字添加一个背景层，新建一个蓝色固态层"背景"，如图 2 - 18 所示。

步骤 5：新建的"背景"层，放在最底层，然后选择它，单击选择菜单 Effect/Generate/Ramp 命令，为其添加 Ramp(渐变)特效。在特效控制面板中调整 Start Color 的 RGB 值为 95,13,65,End Color 的 RGB 值为 0,0,0,其他渐变特效的参数如图 2 - 19 所示。

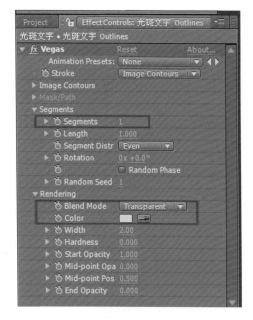

图 2-14 设置 Vegas 特效具体参数

图 2-15 Vegas 特效效果

图 2-16 设置 Rotation 值的关键帧动画

图 2-17 设置 Starglow 特效参数及效果

图 2 - 17　设置 Starglow 特效参数及效果(续)

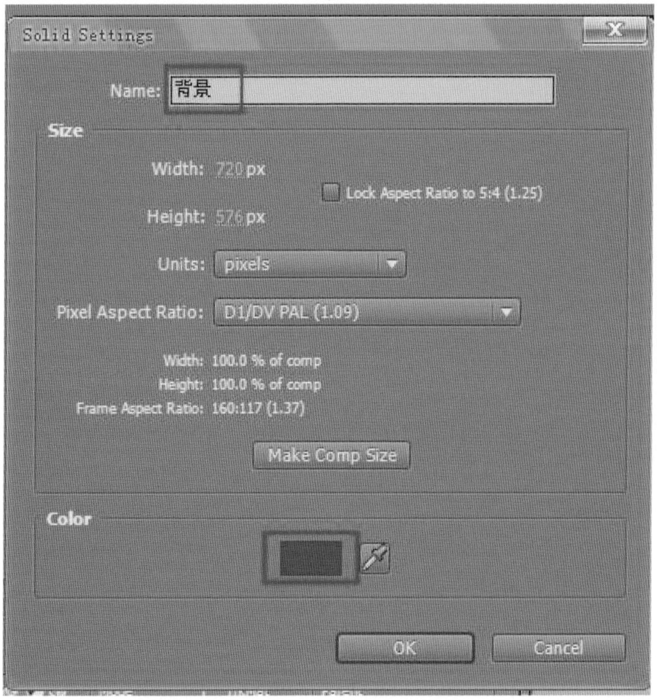

图 2 - 18　新建背景固态层

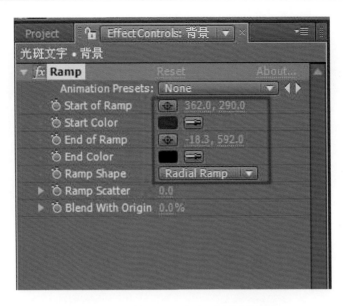

图 2 - 19　设置 Ramp(渐变)特效具体参数

步骤 6：最终效果如图 2 - 20 所示。

图 2 - 20　最终效果

2.3　激光文字

技术分析

本例利用 Mask 工具制作遮罩动画，然后复制文字层，添加 S-WarpPuddle 特效和发光特效产生激光效果，再然后制作背景完成整个动画。

本例知识点

底层文字制作遮罩动画，复制文字层添加水波纹效果，利用水波纹的变化，移动中心点，配合文字遮罩动画制造出冲击效果，然后再利用光效强化效果、丰富画面。

2.3.1　建立文字层

步骤 1：新建一个合成，命名为"激光文字"，Width（宽）为 720px，Height（高）为 576px，Pixel Aspect Ratio 为 D1/DV PAL(1.09)，Duration（持续时间）为 5 s，Frane Rate（帧速率）为 25，如图 2-21 所示。

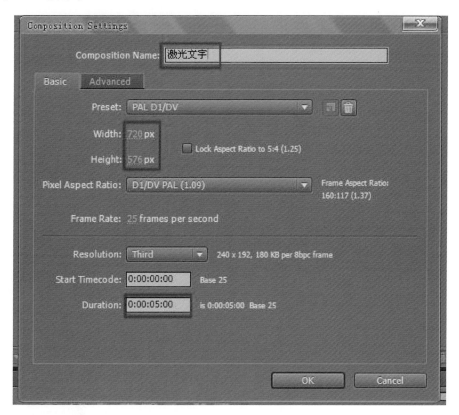

图 2-21　新建"激光文字"

步骤 2：单击 Tools（工具）面板中的文字工具，使用文字工具直接在合成窗口输入文字"激光文字"，如图 2-22 所示。

图 2-22　使用文字工具在合成面板中输入文字

步骤 3：选择文字层，调整时间到 0：00：02：00 处，为其绘制遮罩，并打开 Mask Shape 的关键帧按钮，如图 2-23 所示。

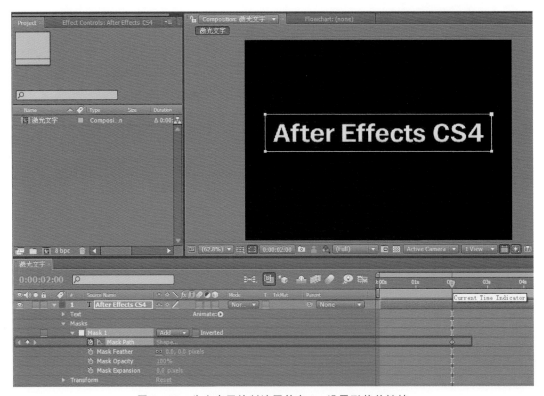

图 2-23　为文字层绘制遮罩并在 2 s 设置形状关键帧

步骤 4：调整时间到 0：00；00；00 处，修改文字层遮罩形状，见图 2-24，这是从预览可以看到，一个简单的遮罩动画制作完成，文字跟着遮罩形状的变化显现。

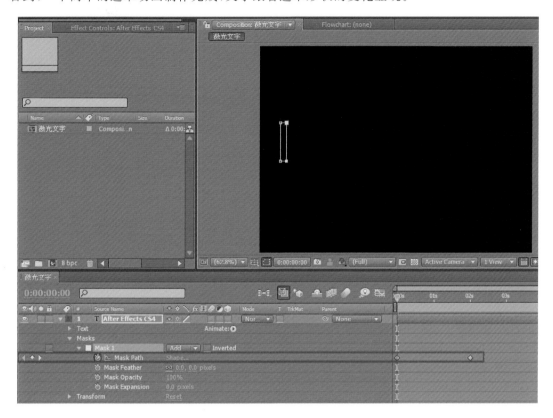

图 2 - 24　在 0 s 处修改遮罩形状

2.3.2　建立高光层

步骤 1：选择文字层按下 Ctrl＋D 快捷键，复制文字层，选择新复制的层，按下 Enter 键，重新命名为"高光"层，把"高光"层移到文字层的上方。调整时间到 0：00：02：00 处，展开"高光"层 Masks 下的 Mask1 选项，移动左边的两个点到右边位置，如图 2-25 所示。

步骤 2：选择"高光"层，为其添加 Effects/Sapphire Distort/S_WarpPuddle 特效，展开 S_WarpPuddle 参数，设置 Amplitude 为 0.130，Frequency 为 7.10，Rel Height 为 0.750，调整时间到 0：00：00：00 处，修改 Center XY 的值为(55.0，269.0)，并打开关键帧按钮。调整时间到 0：00：02：00 处，修改 Center XY 的值为(646.0，269.0)，如图 2-26 所示。

步骤 3：继续选择"高光"层，为其添加 Effects/Trapcode/Starglow 特效，打开 Starglow 特效参数，设置 Input Channel 为 Alpha，Streak Length 为 15.0，Boost Light 为 70.0，展开 Individual Lengths 选项，设置 Up 为 0，Left 为 7，Right 为 0，Up Left 为 0，Up Right 为 0，Down Left 为 0，Down Right 为 0.0。然后展开 Colormap A 选项，设置 Type/Preset 为 One Color，Color 的 RGB 为(255，200，0)。展开 Colormap B 选项，设置 Type/Preset 为 One Color，Color 的 RGB 为(255，166，0)，如图 2-27 所示。

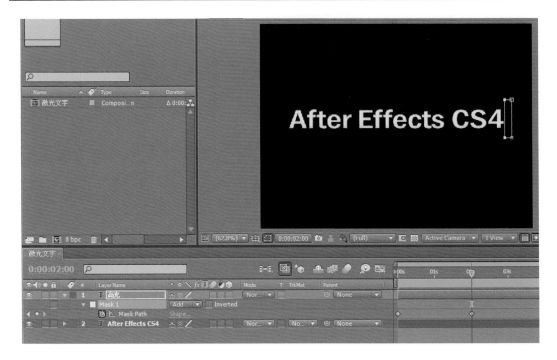

图 2-25　在 2 s 处调整遮罩形状

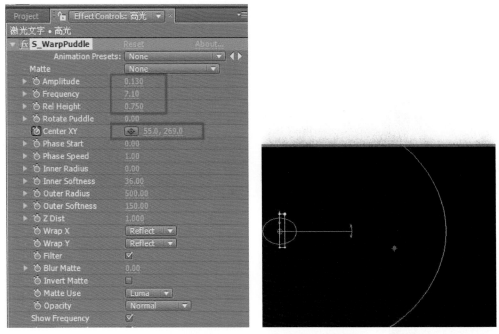

(a) 0 s处设置S_WarpPuddle特效具体参数及效果

图 2-26　设置 S_WarPuddle 特效具体参数及效果

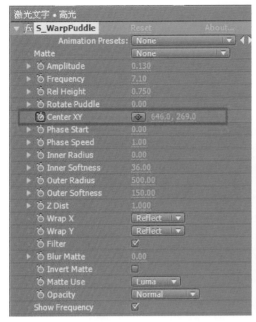

(b) 2 s处修改S_WarpPuddle特效具体参数及效果

图 2-26　设置 S_WarPuddle 特效具体参数及效果(续)

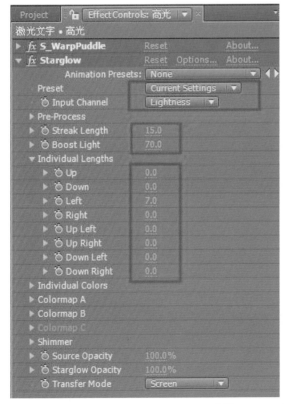

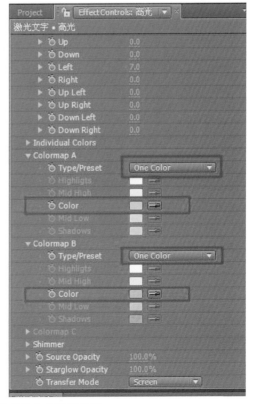

图 2-27　设置 Starglow 特效具体参数及效果

图 2 - 27　设置 Starglow 特效具体参数及效果(续)

　　步骤 4：继续为"高光"层添加 Effects/Sapphire Lighting/S_Glow 特效,设置 Brightness 为 5.0,如图 2 - 28 所示。

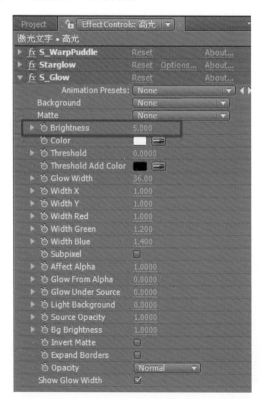

图 2 - 28　设置 S_Glow 特效参数及效果

步骤 5：为整个激光文字制作背景层，新建一个固态层，命名"背景"，如图 2 - 29 所示。

图 2 - 29　新建背景固态层

步骤 6：选择"背景"层，为其添加 Effects/Generate/Ramp 特效，展开 Ramp 特效，修改 Ramp Shape 为 Radial Ramp 模式，设置 Start of Ramp 为（362.5，288），Start Color 的 RGB 为（3，49，71），End of Ramp 为（-15，291.3），End Color 的 RGB 为（0，0，0），如图 2 - 30 所示。

图 2 - 30　设置 Ramp 特效参数

步骤 7：激光文字制作完成，预览效果如图 2 - 31 所示。

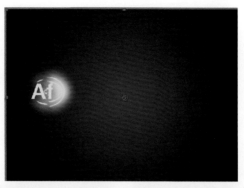

图 2 - 31　最终效果

2.4　随机文字动画

技术分析

本例主要学习对文字层添加动画选择器,利用动画选择器制作文字随机动画,运用遮罩制作文字特效,灯光工厂特效制作星光背景。

本例知识点

了解掌握文字动画选择器作用,重复利用文字层,学习遮罩动画的制作方法,熟悉灯光工厂特效。

2.4.1　制作背景

步骤 1:新建一个合成,命名为"随机文字动画",Width(宽)为 720px,Height(高)为 576px,Pixel Aspect Ratio 为 D1/DV PAL(1.09),Duration(持续时间)为 5 s,Frame Rate(帧速率)为 25,如图 2 - 32 所示。

步骤 2:新建一个固态层,制作背景,为其添加 Ramp(渐变)特效,参数设置如图 2 - 33 所示。

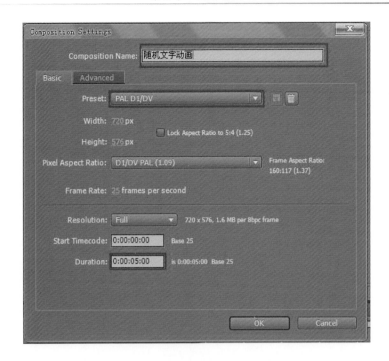

图 2 - 32　新建合成"随机文字动画"

图 2 - 33　设置 Ramp(渐变)特效参数及效果

2.4.2 制作文字动画

步骤 1：使用横排文字工具在合成窗口中输入 ANIMATION TEXT DANCE，如图 2 - 34 所示。

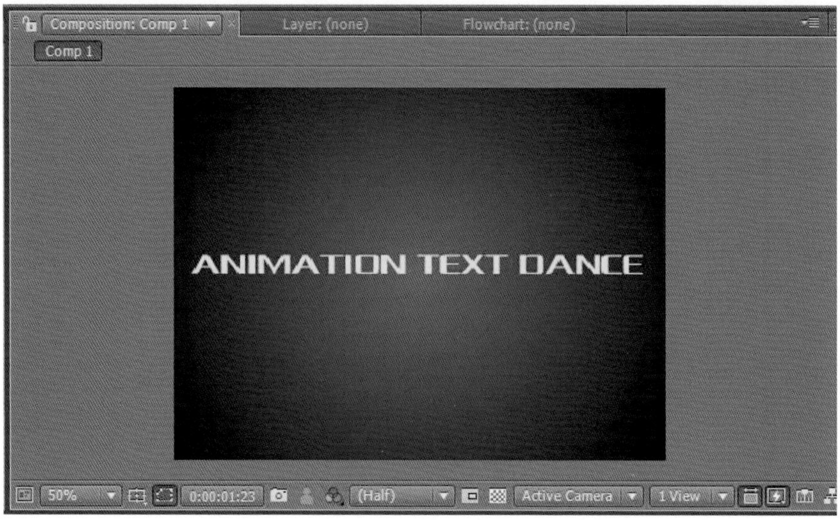

图 2 - 34 在合成窗口中输入文字

选择文字层，使用把文字层的中心点移动到文字的正中，如图 2 - 35 所示。

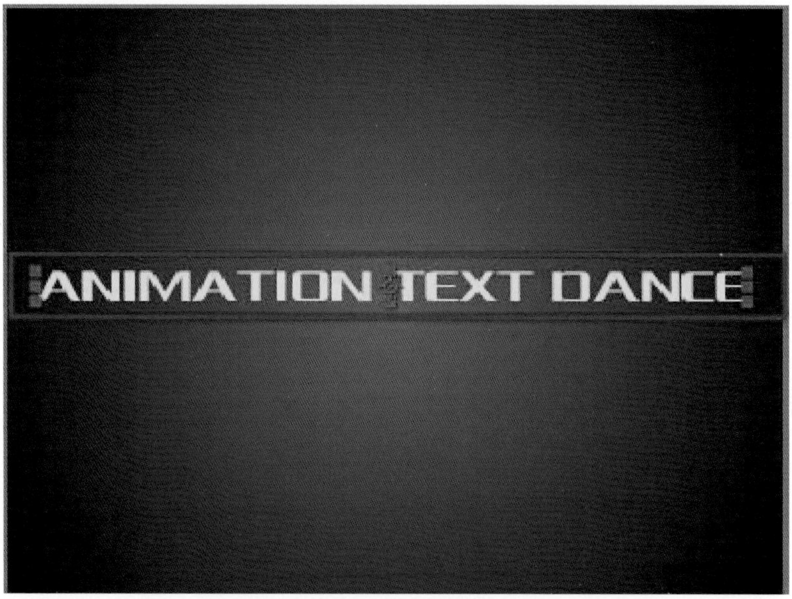

图 2 - 35 把文字中心点移到画面中心

步骤 2：选择文字层，然后执行 Animation(动画)/Add Text Selector(添加文字选择器)/Wiggly(摇摆)菜单命令，如图 2 - 36 所示。

步骤 3：展开文字层的 Wiggly Selector1（摇摆选择器 1）属性，接着设置 Mode（模式）为 Intersect（相交），Wiggles/Second（摇摆/秒）的值为 10，如图 2-37 所示。

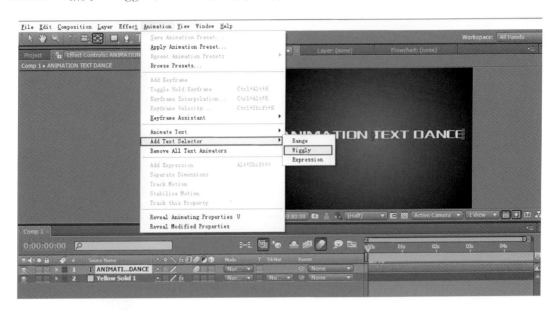

图 2-36　为文字层添加 Wiggly（摇摆）命令

图 2-37　设置 Wiggly Selector1（摇摆选择器 1）的参数

再为 Animator1（动画器 1）组添加一个 Position（位置）动画属性，如图 2-38 所示。

设置 Position（位置）为（300,0），并开启改文字层的运动模糊开关，如图 2-39 所示。

步骤 4：继续为文字图层的 Animator1（动画器 1）组添加一个 Range Selector（范围选择器），如图 2-40 所示。

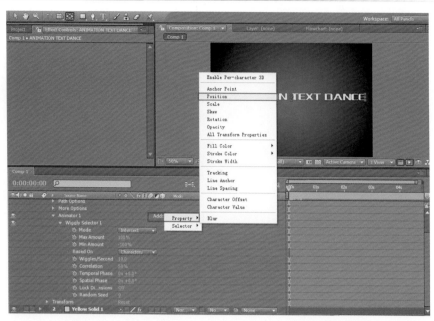

图 2 - 38　为 Animator1(动画器 1)添加 Position(位置)动画

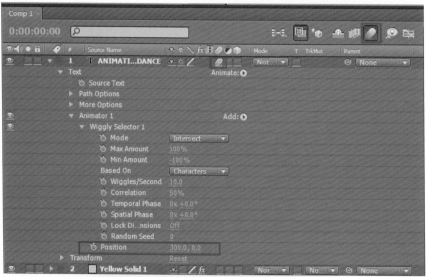

图 2 - 39　设置 Position(位置)参数及效果

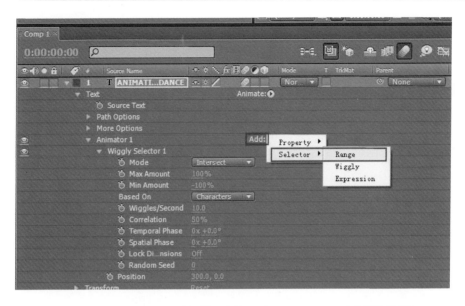

图 2 - 40　为 **Animator1**(动画器 1)添加一个 **Range Selector**(范围选择器)

打开 Range Selector(范围选择器),设置 Mode(模式)为 Intersect(相交),调整时间到 0:00:01:15 处,设置 Start(开始)的值为 0,打开关键帧按钮,调整时间到 0:00:03:00 处,调整 Start(开始)的值为 100,如图 2 - 41 所示。

图 2 - 41　设置 **Range Selector**(范围选择器)的参数

2.4.3　制作遮罩动画

步骤 1:选择文字层,复制一个文字副本图层 2,然后删除副本文字里的 Range Selector (范围选择器),如图 2 - 42 所示。

步骤 2:为文字层 2 添加一个 Gaussian(高斯模糊)特效,设置 Blurriness(模糊值)为 15。 调整时间到 0:00:02:15 处,打开副本文字层的 Opacity(不透明度)属性,设置值为 75,并打 开关键帧按钮,调整时间到 0:00:03:00 处,设置 Opacity(不透明度)的值为 0,如图 2 - 43 所示。

图 2 - 42　复制文字层并删除文字层 2 的 Range Selector(范围选择器)

图 2 - 43　设置透明度动画及效果

步骤 3：选择副本文字层 2 并放在原始文字层的下面，然后选择原始文字层，再次复制一个副本文字层 3。接着再新建一个白色固态层，放在副本文字层 3 的下面，再为白色固态层绘制一个遮罩，设置 Mask Feather（遮罩羽化）值为 50，如图 2-44 所示，并打开 Position（位置）和 Opacity（透明度）的关键帧按钮。

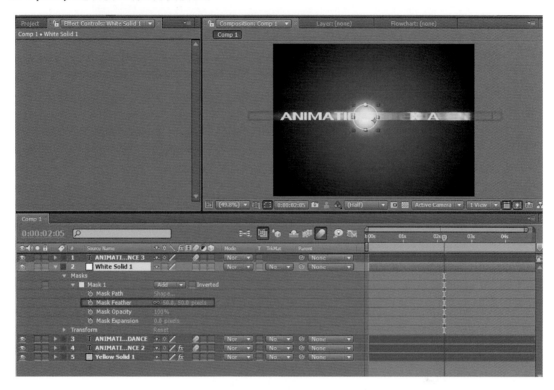

图 2-44 设置白色固态层并绘制圆形遮罩

步骤 4：为白色固态层的遮罩制作 Position（位置）和 Opacity（透明度）关键帧动画，如图 2-45 所示。

将副本文字层 3 设置为白色固态层的 Alpha 通道蒙版，如图 2-46 所示。

步骤 5：选择白色固态层，复制一个副本白色固体层 2，并将其放在最上层，为其 Mask（遮罩）制作一个 Mask Expansion（遮罩扩展）动画，调整时间到 0:00:02:15 处，设置 Mask Expansion（遮罩扩展）的值为 −40，并打开其关键帧按钮，调整时间到 0:00:02:22 处，修改 Mask Expansion（遮罩扩展）的值为 −26，调整时间到 0:00:03:00 处，修改 Mask Expansion（遮罩扩展）的值为 −55，如图 2-47 所示。

步骤 6：再为合成添加一个 Adjustment Layer（调节层），并取消副本白色固态层 2 的 Alpha 通道蒙版。选择 Adjustment Layer（调节层），为其添加一个 Glow（辉光）特效，原有参数不改，如图 2-48 所示。

步骤 7：再为合成添加一个 Adjustment Layer（调节层），放在顶层，为其添加 Light Factory EZ（灯光工厂）特效，如图 2-49 所示。

图 2 - 45　设置遮罩位置动画及透明度动画

图 2 - 46 设置文字层 3 为白色固态层的遮罩

图 2 - 47 为复制出的白色固态层设置 Mask Expansion(遮罩扩展)动画

图 2 - 48 添加调节层并为其添加 Glow(辉光)特效

图 2 - 49　设置 Light Factory EZ(灯光工厂)特效参数

　　为其 Light Source Location(灯光位置)设置关键帧动画,调整时间到 0:00:00:00 处,修改 Light Source Location(灯光位置)的值为(－82,307),并打开关键帧按钮,调整时间到 0:00:03:00 处,修改 Light Source Location(灯光位置)的值为(826,307),如图 2 - 50 所示。

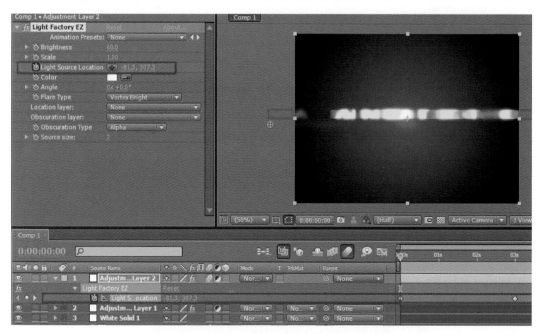

图 2 - 50　设置 Light Source Location(灯光位置)的关键帧动画

　　步骤 8:渲染输出动画,最终效果如图 2 - 51 所示。

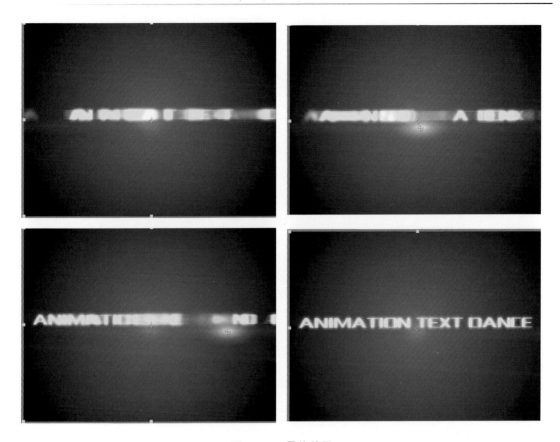

图 2 - 51 最终效果

2.5 模糊发光文字

技术分析

本例利用 After Effects 自带的文字动画功能制作运动模糊,然后再利用镜头光斑特效添加划光效果制作完成。

本例知识点

进一步掌握文字动画悬看器,熟练运用文字动画制作运动模糊文字,了解 Lens Flare(镜头光晕)特效如何制作光晕效果,丰富画面。

2.5.1 建立文字层

步骤 1:新建一个合成,命名为"模糊发光文字",Width(宽)为 720px,Height(高)为 576px,Pixel Aspect Ratio 为 D1/DV PAL(1.09),Duration(持续时间)为 5 s,Frame Rate(帧速率)为 25,如图 2 - 52 所示。

步骤 2:使用文字工具输入文字"模糊发光文字"并设置字形、大小、颜色,如图 2 - 53 所示。

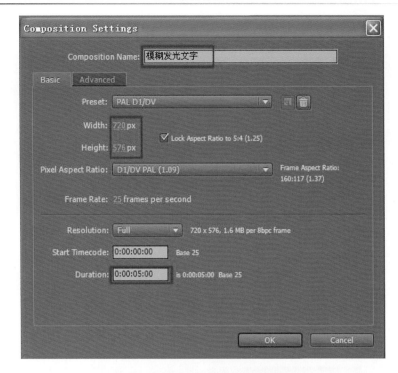

图 2 - 52 新建"模糊发光文字"合成

图 2 - 53 在合成面板中输入文字、设置文字字形、大小、颜色

2.5.2 制作文字模糊动画

步骤 1：展开 Text 选项，单击 Animate，在弹出的选项中选择 Scale，这个时候会自动添加一个 Animator 1 选项。单击 Animator 1 选项后面的 Add 按钮，在弹出的窗口中选择 Opacity，然后再次单击 Add 按钮，添加一个 Blur 选项，如图 2 - 54 所示。

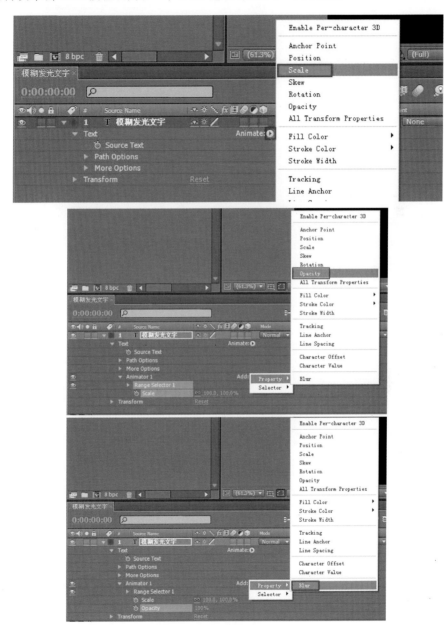

图 2 - 54 添加动画选项

步骤 2：展开 Text 下的 More Options 选项，设置 Anchor Point Grouping 为 Line，Grouping Alignment 为（0，-50%），展开 Animator 1/Range Selector 1 选项，调整 shape 为 Ramp Up，Scale 为（300，300%），Blur 为（150，150），展开 Advanced 选项，设置 Shape 为 Ramp Up，设置 Ease Low 为 100%，如图 2-55 所示。

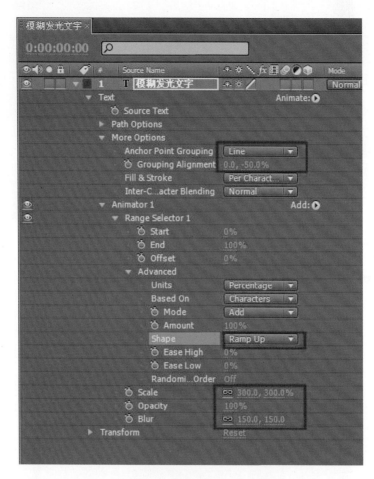

图 2-55 设置 More Options 选项和 Range Selector 1 选项的值

步骤 3：将时间调整到 0:00:00:00 处，设置 Text/Animator/Range Selector 1 下 Offset 的值为 100，并打开关键帧按钮，调整时间到 0:00:01:10 处，修改 Offset 的值为 -100。然后调整时间到 0:00:00:00 处，展开 Transform 下的 Scale 的值为 127，并打开关键帧按钮，然后调整时间到 0:00:02:15 处，修改 Scale 的值为 70，调整时间到 0:00:01:10 处，修改 Opacity 的值为 100，并打开它的关键帧按钮，调整时间到 0:00:03:00 处，修改 Opacity 的值为 0，如图 2-56 所示。

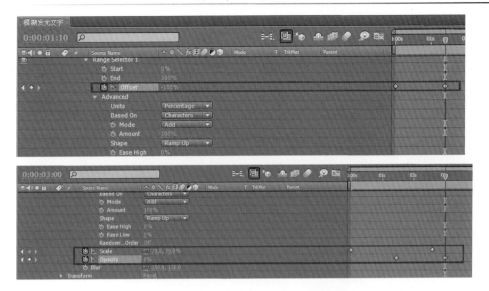

图 2 - 56 设置 Range Selector 1 关键帧动画

2.5.3 制作划光动画

步骤 1：新建一个黑色固态，命名为"发光"，并将该层的 Mode 面板中，叠加模式由 Normal 设置为 Add 模式，如图 2 - 57 所示。

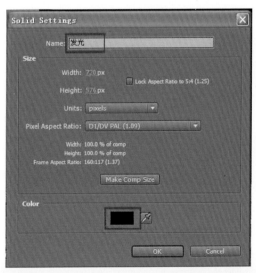

图 2 - 57 新建固态层

步骤 2：选择"发光"层，为其添加 Effects/Generate/Lens Flare 特效，设置 Lens Type 为 105mm Prime，Blend With Original 为 0%。调整时间到 0:00:00:00 处，设置 Flare Center 的值为（-210,255），并打开它的关键帧按钮，调整时间到 0:00:01:08 处，修改 Flare Center 的值为（866,255），如图 2-58 所示。

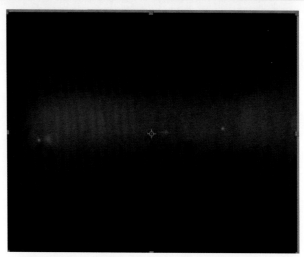

图 2-58 设置 Lens Flare 特效参数及效果

步骤 3：制作背景层，新建一个黑色固态层，命名"背景"，放在最底层。为其添加 Effects/Generate/Ramp 特效，展开 Ramp 特效，修改 Ramp Shape 为 Radial Ramp 模式，设置 Start of Ramp 为（358.5,288.8），Start Color 的 RGB 为（75,128,0），End of Ramp 为（-135.9,285.5），End Color 的 RGB 为（0,0,0），如图 2-59 所示。

步骤 4：预览效果，整个运动发光文字制作完成，如图 2-60 所示。

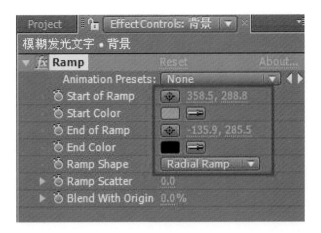

图 2-59 设置背景渐变特效参数

图 2-60 最终效果

2.6　变化的文字

技术分析

本例利用 After Effects 自带的文字动画功能对文字的位置、大小、颜色、透明度等属性进行随机调节,再利用遮罩显示出丰富多彩、变化多端的效果。

本例知识点

为文字层添加"大小"随机的效果,然后添加"颜色"随机效果使得跳动的音阶更加丰富,综合运用 AE 自带的文字动画。

2.6.1　建立文字层

步骤 1:新建一个合成,命名为"变化的文字",Width(宽)为 720px,Height(高)为 576px,Pixel Aspect Ratio 为 D1/DV PAL(1.09),Duration(持续时间)为 5 s,Frame Rate(帧速率)为25,如图 2 - 61 所示。

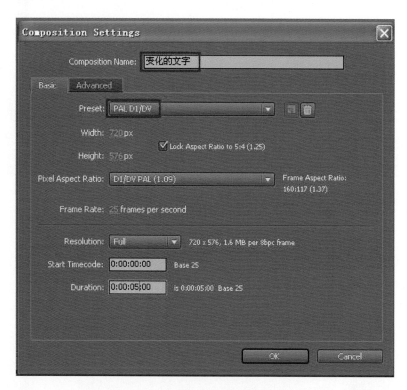

图 2 - 61　新建"变化的文字"合成

步骤 2:使用文字工具输入文字若干个大写英文之母 I,如图 2 - 62 所示。

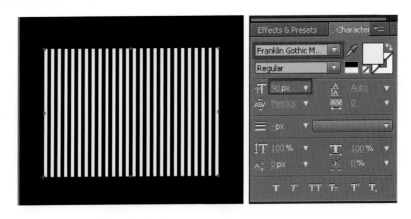

图 2-62 输入文字"1"并设置字体和大小

2.6.2 制作文字随机动画

步骤 1：选择文字层，然后展开 Text 右边有一个 Animate 的参数，单击下拉按钮，在弹出的下拉菜单中选择 Scale 命令，如图 2-63 所示。

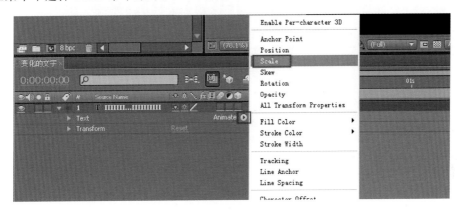

图 2-63 为文字层添加 Scale 动画

步骤 2：单击 Animator 1 右边的 Add 下拉按钮，在弹出的下拉菜单中选择 Selector|Wiggly 命令，因为本例只需要文字垂直变化，所以固定水平值为不变为 100，只改变垂直方向的数值，如图 2-64 所示。

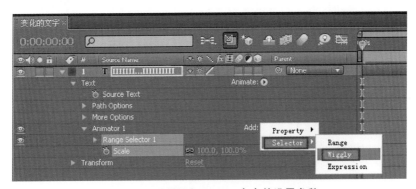

图 2-64 设置添加 Wiggly 命令并设置参数

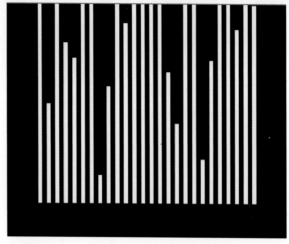

图 2 - 64　设置添加 Wiggly 命令并设置参数(续)

　　步骤 3：拖动时间会发现，文字在变化的时候不光是向上，有的还向下变化，为了变化具有协调性，可以给它添加一个 Mask 遮罩来解决这个问题，如图 2 - 65 所示。

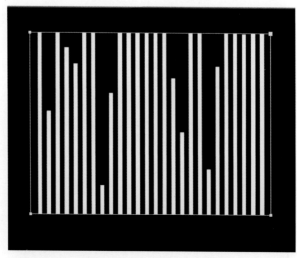

图 2 - 65　为文字层添加遮罩

步骤 4：添加遮罩后，文字变化就在事先规定的显示范围内，但变化太单一，可以再给它加上颜色的随机变化。单击 Animator 1 右边的 Add 下拉按钮，选择 Property/Fill Color/RGB 选项，然后在 Wiggly Selector 1 下修改 Fill Color 的 RGB 值为（0，186，255），如图 2 - 66 所示。

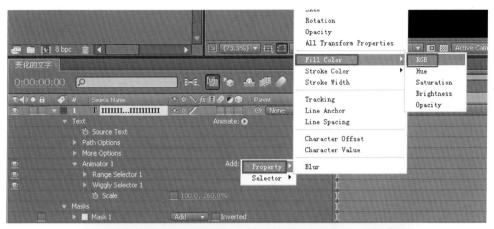

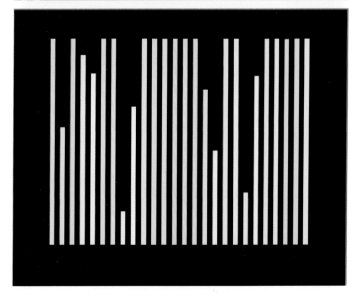

图 2 - 66　添加颜色变化动画，设置其参数及效果

步骤 5：随着变化越来越丰富，可以再为它添加透明度的随机变化。单击 Animator 1 右边的 Add 下拉按钮，选择 Property|Opacity 选项，然后在 Wiggly Selector 1 下修改 Opacity 值为 50，如图 2－67 所示。

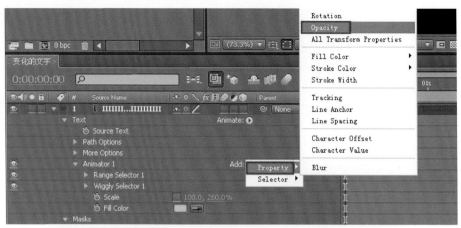

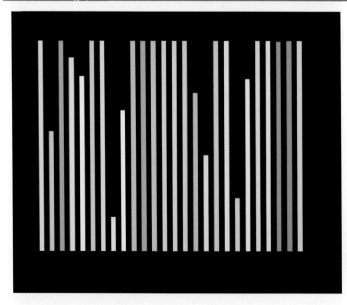

图 2－67　添加透明度动画，设置其参数及效果

步骤 6：制作背景层，新建一个黑色固态层，命名"背景"，放在最底层。为其添加 Effects|
Generate|Ramp 特效，展开 Ramp 特效，修改 Ramp Shape 为 Radial Ramp 模式，设置 Start of
Ramp 为(360,288)，Start Color 的 RGB 为(255,255,255)，End of Ramp 为(−122,288)，End
Color 的 RGB 为(222,222,222)，如图 2 − 68 所示。

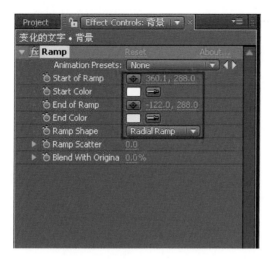

图 2 − 68　设置 Ramp 特效参数

步骤 7：预览效果，整个运动发光文字制作完成，如图 2 − 69 所示。

图 2 − 69　最终效果

第3章　键控抠像

3.1　色彩键

技术分析

本例学习 Color Key(色彩键)抠像滤镜,它可以通过指定一种颜色,将图像中处于这个颜色范围内的图像变成透明。

本例知识点

使用 Color Key(色彩键)滤镜进行抠像只能产生透明和不透明效果,所以它只适合抠除背景颜色变化不大、前景完全不透明以及边缘比较精确的素材。

步骤1:新建一个合成,命名为"色彩键",Width(宽)为 720px,Height(高)为 576px,Pixel Aspect Ratio 为 D1/DV PAL(1.09),Duration(持续时间)为 5 秒,Frame Rate(帧速率)为 25,如图 3-1 所示。

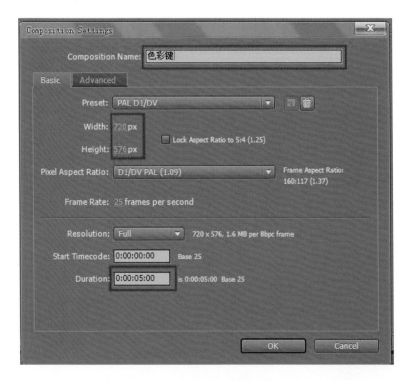

图 3-1　新建"色彩键"合成

步骤2:导入本节素材 fgg_002,并把素材放入时间线面板中,调整图片 Scale(大小)的值为 61,如图 3-2 所示。

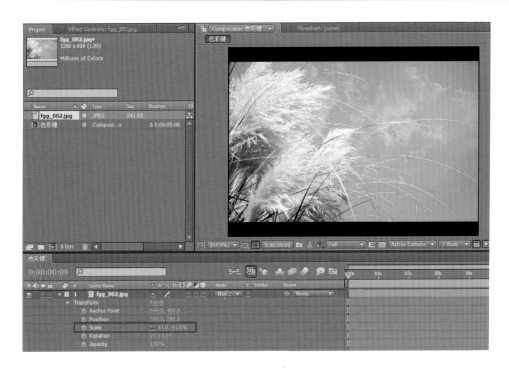

图 3-2 导入素材

步骤 3：为 fgg_002 图层添加一个 Keying/Color Key(色彩键)，然后使用 Key Color(键出颜色)选项后面的"吸管工具"吸取画面中的蓝色，接着调整 Color Tolerance(颜色容差)的值为 104。Edge Feather(边缘羽化)的值为 1.9。可以看到蓝色部门已变透明，如图 3-3 所示。

图 3-3 添加 Color Key(色彩键)

步骤 4：导入本节素材 nxjmbz_014，放在底层做背景，调整 Scale（大小）的值为 41，如图 3－4 所示。

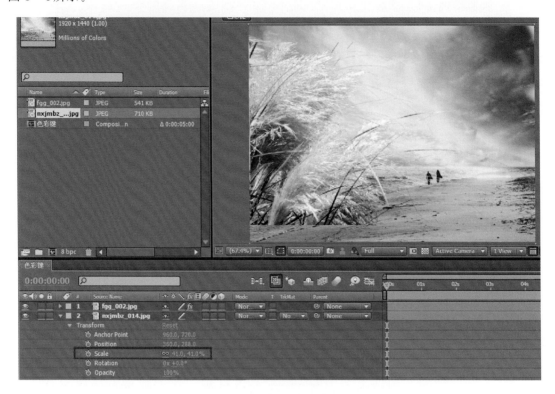

图 3－4　导入背景素材

步骤 5：调整 fgg_002 图层 Scale（大小）的值为 72，Position（位置）为（422.4,288），如图 3－5 所示。

图 3－5　设置背景素材属性

最终合成效果如图 3－6 所示。

图 3-6　效果图

3.2　亮度键

技术分析

本例学习 Luma Key(亮度键)抠像滤镜,它可以抠出画面中指定的亮度区域,主要运用于前景和背景的明度差异比较大的素材。

本例知识点

Luma Key(亮度键)滤镜主要用来检出画面中指定的亮度区域。

Luma Key(亮度键)抠像

步骤 1:新建一个合成,命名为"亮度键",Width(宽)为 720px,Height(高)为 576px,Pixel Aspect Ratio 为 D1/DV PAL(1.09),Duration(持续时间)为 5 秒,Frame Rate(帧速率)为 25,如图 3-7 所示。

步骤 2:导入本节素材 Grunge 09 和 HW059。把 HW095 素材先放入时间线面板中,然后对它添加 Keying/ Luma Key(亮度键)特效,设置 Key Type(键类型)属性为 Key Out Brighter(键出亮部),如图 3-8 所示。

然后设置 Threshold(阀值)为 238,Edge Feather(边缘羽化)为 2.3,如图 3-9 所示。

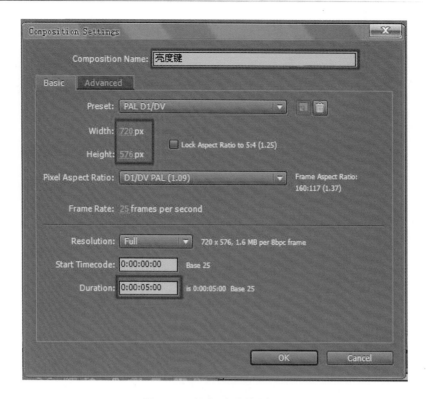

图 3 - 7　新建"亮度键"合成

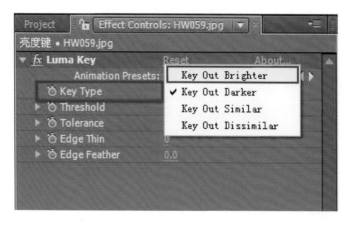

图 3 - 8　添加 Luma Key(亮度键)

　　步骤 3：把 Grunge 09 素材拖入时间线面板中,放在底层做背景,调它的 Scale(大小)的值为 77,如图 3 - 10 所示。

　　步骤 4：选择 HW059,修改它的 Position(位置)为 490.6,376.5,如图 3 - 11 所示。

　　步骤 5：预览合成效果,如图 3 - 12 所示。

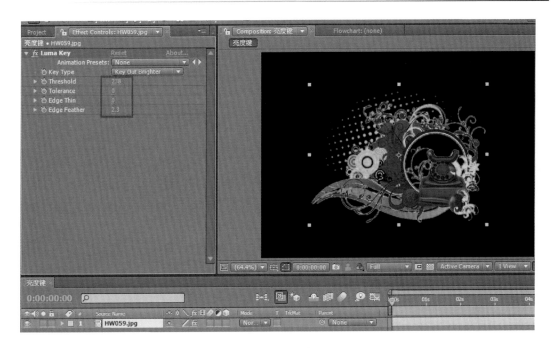

图 3 - 9　设置参数

图 3 - 10　设置背景层

图 3 - 11　设置 HW059 层位置属性

图 3 - 12　效果图

3.3　Ultimatte 插件键控应用

技术分析

　　Ultimatte 多作为和视频卡打包的实时抠像工具,提供简便快捷的操作和较好的效果,本例使用 Ultimatte 插件抠除背景。

本例知识点

　　本例使用 Ultimatte 插件抠除蓝色背景。

步骤 1：新建合成。导入"3.3 Ultimatte 插件.jpg"素材，并把素材拖放到"新建合成"按钮生成新合成，如图 3-13 所示。

图 3-13 新建合成

步骤 2：为素材添加 Ultimatte 插件。为素材"3.3 Ultimatte 插件.jpg"添加 Effect(效果)|Ultimatte|Ultimatte 特效，如图 3-14 所示。

图 3-14 为素材添加 Ultimatte 插件

步骤 3：对素材去除背景。

① 在"View(视图)"下选择"Composite(合成)"，并用吸管吸取背景色，如图 3-15 所示。

图 3 - 15　去除背景

② 设置 Matte Controls 参数，将 Black Gloss 2 调整为 29，Green Density 调整为 75，Clear up Balance 调整为 42，BG Level Balance 调整为 100，Shadow Noise 调整为 59，最终效果如图 3 - 16 所示。

图 3 - 16　效果图

3.4　Primatte 插件键控应用技术分析

技术分析

Primatte 插件是较流行的抠像软件，它操作简单，只用在不需要的背景上拖动鼠标就能去除相关色彩，本例使用 Primatte 插件抠除背景。

本例知识点

本例使用 Primatte 插件抠除蓝色背景，再选择前景色或背景色做精确调整。

步骤 1：新建一个合成，命名为"Primatte"，Width（宽）为 720px，Height（高）为 576px，Pixel Aspect Ratio 为 D1/DV PAL（1.09），Duration（持续时间）为 5 s，Frame Rate（帧速率）为 25，如图 3 - 17 所示。

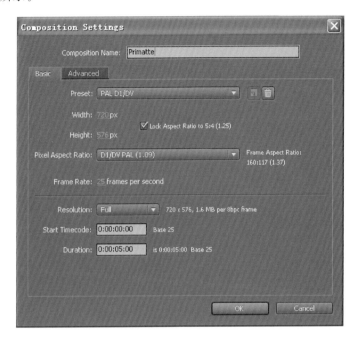

图 3 - 17　新建"Primatte"合成

步骤 2：设置素材属性。导入素材"3.4 球场.jpg"、"3.4 室内.psd"，把它们放入时间线面板，分别修改两个素材的 Scale（大小）的值为 150,150%，"3.4 室内.psd"的 Position（位置）设置为 260,304，如图 3 - 18 所示。

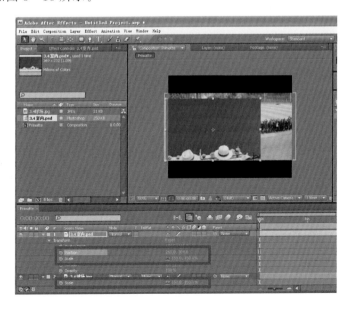

图 3 - 18　设置素材属性

步骤 3：素材添加 Primatte Keyer 键控。为素材"3.4 室内.psd"添加 Effect（效果）|Keying（键控）|Primatte Keyer 特效，如图 3－19 所示。

图 3－19　为素材添加 Primatte Keyer 键控

步骤 4：对素材初步去除背景。

① 单击"Select BG Color（选择背景色）"按钮，用鼠标在背景上划动，操作如图 3－20 所示。

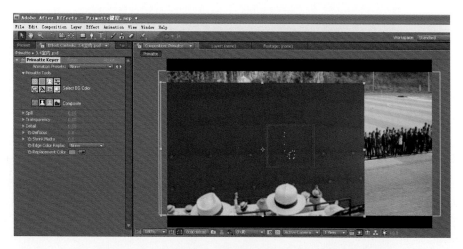

图 3－20　初步去除背景

② 对素材初步去除背景后的效果如图 3－21 所示。

步骤 5：对素材去除背景噪点。

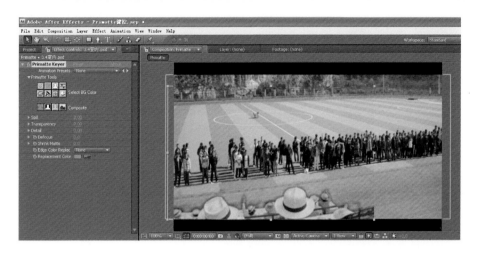

图 3 - 21　去除背景后的效果图

① 放大显示比例,对细节进行处理。选择 matte 模式可以更清楚地看见噪点,如图 3 - 22 所示。

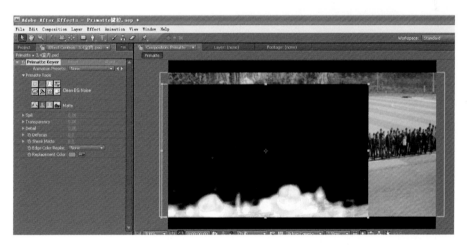

图 3 - 22　选择 matte 模式

② 单击"Clean BG Noise(清除背景噪点)",在背景上的白色噪点上用鼠标来回划几下,这一步可多操作几次;把噪点去除得更干净,如图 3 - 23 所示。

步骤 6:对素材去除前景噪点。

回到 Composite 模式,选择"Clean FG Noise(去除前景噪点)",在前景的白色上划一下,如图 3 - 24 所示。

步骤 7:对素材进行精细调整。选择"Fine Tuning(Sliders)",按住鼠标需要调整的地方划几下,会发现溢出、透明和细节三个项滑块会自动调整,再结合步骤 4、5、6 对素材再次处理达到最后理想效果,如图 3 - 25 所示。

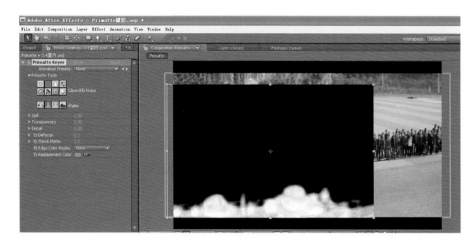

图 3 - 23　去除背景噪点

图 3 - 24　去除前景噪点

图 3 - 25　效果图

3.5　抠像巨匠——Keylight 键控滤镜

技术分析

本例学习如何使用 Keylight 键控进行更加精确的抠像操作。

本例知识点

　　Keylight 键控抠像相当重要，使用该滤镜能轻松扣取带有阴影、半透明或毛发的素材，并且还有 Spill Suppression(溢出抑制)功能，可以清除抠像蒙版边缘的颜色，使前后景更好地融合。

　　步骤 1：新建一个合成，命名为"Keylight"，Width(宽)为 720px，Height(高)为 576px，Pixel Aspect Ratio 为 D1/DV PAL(1.09)，Duration(持续时间)为 5 秒，Frame Rate(帧速率)为 25，如图 3 - 26 所示。

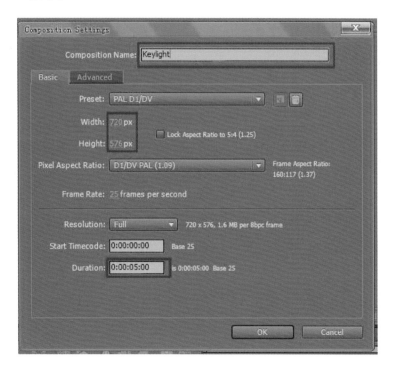

图 3 - 26　新建"Keylight"合成

　　步骤 2：导入该项目素材"背景"、"花"，把它们放入时间线面板，分别修改两个素材的 Scale(大小)的值为 41。如图 3 - 27 所示。

　　步骤 3：为素材"花"添加 Keying/ Keylight 特效，如图 3 - 28 所示。

　　步骤 4：无论是基本键控，还是高级键控，Screen Colour(屏幕色)都是必须有一个选项，使用 Screen Colour(屏幕色)后方的"吸管工具"在屏幕上对键出颜色进行取样。如图 3 - 29 所示(红色线圈是取样点的位置)。

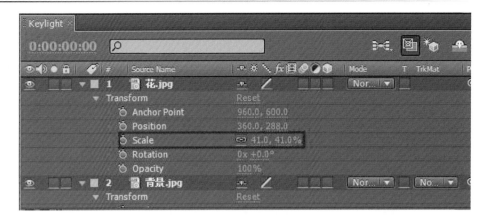

图 3 - 27　导入素材

图 3 - 28　为"花"添加 Keylight 特效

图 3 - 29　屏幕色取样

步骤 5：设置 View(查看)方式为 Source(源)方式，调整 Screen Balance(屏幕平衡)设置为95。增加颜色的饱和度。如图 3 - 30 所示。

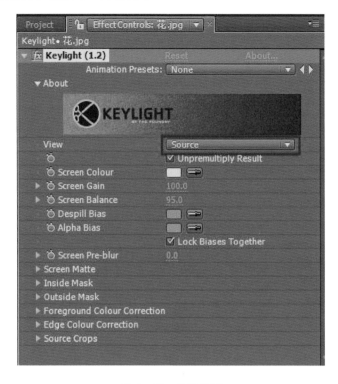

图 3 - 30　设置参数

步骤 6：使用 Alpha Blas(Alpha 偏差)选项后面的"吸管工具"在花上进行取样(红色线圈是取样点的位置)，并设置 View(查看)方式为 Final Result(最终结果)模式，如图 3 - 31所示。

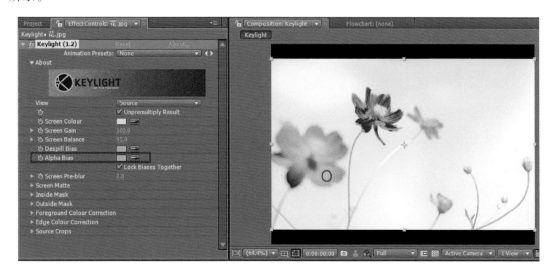

图 3 - 31　花上取样

　　步骤 7：设置 Screen Gain(屏幕增益)的值为 149,然后打开 Screen Matte(屏幕蒙版)选项,调整 Clip Black(剪切黑色)的值为 24,Screen Softness(屏幕柔化)的值为 1。如图 3 - 32 所示。

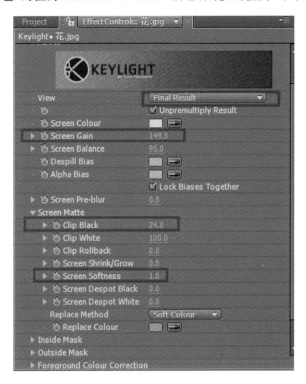

图 3 - 32　设置参数

　　步骤 8：合成最终效果如图 3 - 33 所示。

图 3 - 33　效果图

第 4 章　跟踪与稳定

4.1　跟踪的应用

技术分析

利用 Levels（色阶）调整色彩，再用 Track Motion（跟踪）为车添加车灯，制作夜间开车效果。

本例知识点

在视频 Track Motion（跟踪）通过设置目标以跟踪运动目标，先使用 Levels（色阶）将白天调整为黑夜，再用 LF Glow 特效制作车灯及月亮，用 Track Motion（跟踪）让车灯跟踪车移动的位置制作出夜间开车效果。

4.1.1　导入"4.1 车"序列文件并设置动画

步骤 1：运行 After Effects CS4 软件，单击选择 File（文件）/Import（导入）/File（文件）命令或按 Ctrl＋I 组合键，弹出"Import File"窗口，选择 4.1 车文件中的"车 01"，如图 4－1 所示。

图 4－1　导入车素材

步骤 2：在"项目"窗口中选择"车.jpg"，将其拖放至"项目"窗口下方的"创建新合成"。创建一个"车"的合成窗口。将合成改名为"车"，如图 4－2 所示。

图 4－2　创建车的合成

4.1.2　将白天改为黑夜

步骤 1：组合键新建一个"Adjustment Layer(调节层)"。单击选择 Layer(图层)/New(新建)/ Adjustment Layer(调节层)或按 Ctrl＋Alt＋Y，如图 4－3 所示。

图 4－3　创建调节层

步骤 2：调整"Levels(色阶)"。单击选择 Effects(特效)/Color Correction(色彩校正)/Levels(色阶)，如图 4-4 所示。

图 4-4　打开色阶特效

步骤 3：调整"Adjustment Layer(调节层)Levels(色阶)"的参数。打开"Histogram(柱形图)"的关键帧记录器，在 0 秒的位置调整"Gamma"为"0.2"，在 20 帧的位置调整"Input Black(输入白色)"为"140"，"Input White(输入黑色)"为"450"，"Gamma"为"0.7"，如图 4-5 所示。

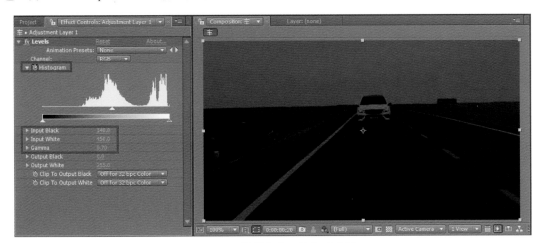

图 4-5　设置调节层的色阶参数

4.1.3　制作车灯

步骤1：新建一个固态层，单击选择 Layer(图层)/New(新建)/Solid(固态层)或按"Ctrl+Y"。将固态层改名为"左车灯"，将颜色改为"黑色"，如图 4-6 所示。

图 4-6　新建固态层左车灯

步骤2：为"左车灯"固态层添加一个光效。单击选择 Effect(特效)/ Knoll Light Factory(光线厂)/LF Glow，"Global Brightness"为"50"，"Light Source Location"为"317.0,136.6"，"Ramp Scale"为"0.6"。钩选"Anamorphic"，"Inner Color"改为"白色"，"Outer Color"改为"灰色"，如图 4-7 所示。

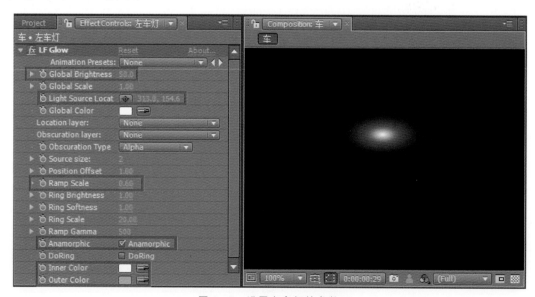

图 4-7　设置左车灯的参数

步骤 3：新建一个固态层。单击选择 Layer(图层)/New(新建)/Solid(固态层)或按"Ctrl＋Y"。将固态层改名为"右车灯"将颜色改为"黑色"，如图 4－8 所示。

图 4－8 新建固态层右车灯

步骤 4：为"右车灯"固态层添加一个光效。单击选择 Effect(特效)/ Knoll Light Factory(光线厂)/LF Glow，"Global Brightness"为"50"，"Light Source Location"为"368.0，136.6"，"Ramp Scale"为"0.6"。钩选"Anamorphic"，"Inner Color"改为"白色"，"Outer Color"改为"灰色"，如图 4－9 所示。

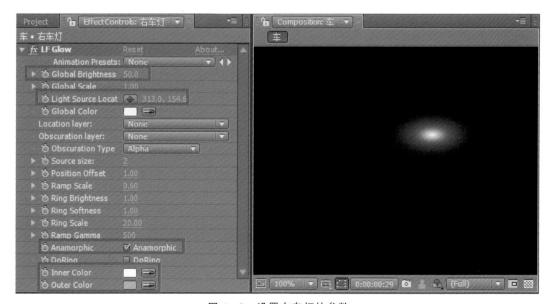

图 4－9 设置右车灯的参数

步骤 5：将"左车灯"和"右车灯"的模式设为"Add"模式，如图 4-10 所示。

图 4-10 设置"左车灯"和"右车灯"的模式

4.1.4 制作跟踪效果

步骤 1：在"时间线"中选择"4.1 车"序列图片层，执行菜单 Animation(动画预设)/Tack Motion(动态跟踪)命令。弹出 Tracker 面板，在合成窗口出现跟踪点 Tracker Point 1。Tracker Type(跟踪类型)项选择为 Transform，Edit Target(设置目标)为"左车灯"，如图 4-11 所示。

图 4-11 设置"Tracker"面板

步骤 2：设置好跟踪点后，切换到"Tracker"面板，单击"播放"按钮，系统会自动进行计算。"时间线"窗口中序列图片层下面的每一个跟踪点都会生成关键帧，在"合成"窗口显示出跟踪点的运动轨迹，并单击"Apply(应用)"按钮。在 10 帧的位置将"左车灯"的"Opacity(透明度)"设为"0%"，在 16 帧的位置将"左车灯"的"Opacity(透明度)"设为"95%"，如图 4-12 所示。

步骤 3：在"时间线"中选择"4.1 车"序列图片层，执行菜单 Animation(动画预设)/Tack Motion(动态跟踪)命令。弹出 Tracker 面板，在合成窗口出现跟踪点 Tracker Point 1。Tracker Type(跟踪类型)项选择为 Transform，Edit Target(设置目标)为右车灯，如图 4-13 所示。

步骤 4：设置好跟踪点后，切换到"Tracker"面板，单击"播放"按钮，系统会自动进行计算。"时间线"窗口中序列图片层下面的每一个跟踪点都会生成关键帧，在"合成"窗口显示出跟踪

图 4 - 12　设置左车灯的跟踪点位置

图 4 - 13　设置"Tracker"面板

点的运动轨迹，并单击"Apply(应用)"按钮。在 10 帧的位置将"右车灯"的"Opacity(透明度)"
设为"0％"并打开"Opacity(透明度)"前面的关键帧记录器。在 16 帧的位置将"右车灯"的"O-
pacity(透明度)"设为"95％"，如图 4 - 14 所示。

　　步骤 5：新建一个固态层。单击选择 Layer(图层)/New(新建)/Solid(固态层)或按 Ctrl
＋Y。将固态层改名为"左灯影"将颜色改为"黑色"，如图 4 - 15 所示。

　　步骤 6：为"左灯影"固态层添加一个光效。单击选择 Effect(特效)/ Knoll Light Factory
(光线厂)/LF Disc，"Global Brightness"为"145"，"Global Scale"为"0.6"，"Light Source Loca-
tion"为"313.0，208.0"，"Element Brightness"为"0.4"。钩选"Anamorphic"，"Color"改为"白
色"，如图 4 - 16 所示。

　　步骤 7：新建一个固态层。单击选择 Layer(图层)/New(新建)/Solid(固态层)或按"Ctrl
＋Y"。将固态层改名为"右灯影"将颜色改为"黑色"，如图 4 - 17 所示。

　　步骤 8：为"右灯影"固态层添加一个光效。单击选择 Effect(特效)/ Knoll Light Factory

图 4 - 14　设置右车灯的跟踪点位置

图 4 - 15　新建固态层左灯影

(光线厂)/LF Disc,"Global Brightness"为"145","Global Scale"为"0.6","Light Source Loca-
tion"为"313.0,208.0","Element Brightness"为"0.4"。钩选"Anamorphic","Color"改为"白
色",如图 4 - 18 所示。

步骤 9:使用工具栏中的"椭圆遮罩"工具或按<Q>键,绘制遮罩椭圆,打开"左灯影"的
三维层,设置"Position(位置)"为"324.5,170.3,0.0","Scale(比例)"为"80.0,210.0,100%",
"X Rotation(X 轴旋转)"为"0x -32.0°",在 10 帧的位置设置"Opacity(透明度)"为"0%"。并
打开前面的关键帧记录器,在 16 帧的位置设置"Opacity(透明度)"为"95%"并展开时间线中

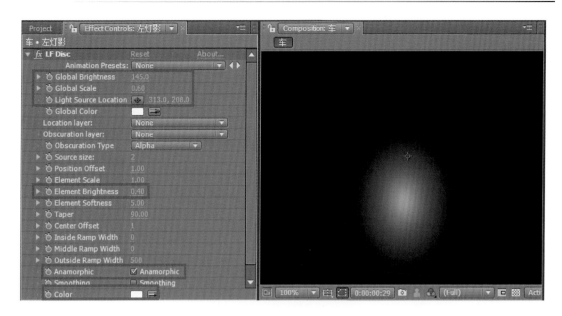

图 4-16　设置左灯影的参数

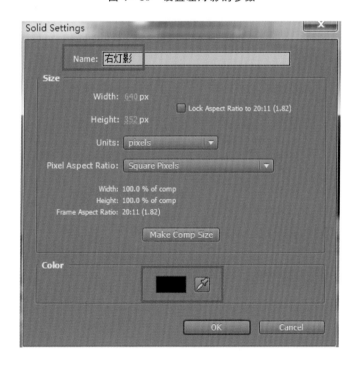

图 4-17　新建固态层右灯影

"左灯影"层里的"Mask"下的"Mask1"选项,将"Mask Feather(羽化)"设为"32.0,32.0"pix-els,如图 4-19 所示。

　　步骤 10:使用工具栏中的"椭圆遮罩"工具或按<Q>键,绘制遮罩椭圆,打开"右灯影"的三维层,设置"Position(位置)"为"319.4,169.5,0.0","Scale(比例)"为"80.0,210.0,100%","X Rotation(X 轴旋转)"为"0x -32.0°",在 10 帧的位置设置"Opacity(透明度)"为"0%"。并

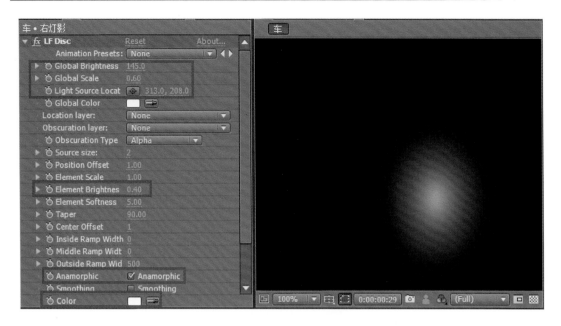

图 4 – 18   设置右灯影参数

图 4 – 19   设置左灯影的参数

打开前面的关键帧记录器,在 16 帧的位置设置"Opacity(透明度)"为"95%"并展开时间线中"左灯影"层里的"Mask"下的"Mask1"选项,将"Mask Feather(羽化)"设为"32.0,32.0"pix-els,如图 4 – 20 所示。

图 4 – 20   设置右灯影的参数

步骤 11:在"Parent"面板中设置父子关系,将"左灯影"和"右灯影"层分别设为"左车灯"和"右车灯"的子对象,如图 4 – 21 所示。

图 4 - 21　设置父子关系

4.1.5　为"车合成"添加一个"月亮"

步骤 1：新建一个固态层。单击选择 Layer(图层)/New(新建)/Solid(固态层)或按"Ctrl＋Y"。将固态名改为"月亮"，将颜色改为"黑色"，如图 4 - 22 所示。

图 4 - 22　新建固态层月亮

步骤 2：为"月亮"固态层添加一个光效。单击选择 Effect(特效)/ Knoll Light Factory (光线厂)/Light Factory LE，"Brightness"为"13"，并打开前面的关键帧指示器。"Scale"为"1.78"，"Light Source Location"为"50.0,40.0"，也打开前面的关键帧指示器。"Color"改为"黄色"，如图 4 - 23 所示。

步骤 3：在"时间线"窗口中，将时间指示器移到 0 秒处，展开"月亮"层的"Transform"属性，设置"Opacity(透明度)"为"23％"，并打开前面的关键帧记录器，将时间指示器移到"0：00：00：10"的位置，设置"Opacity(透明度)"为"60％"，如图 4 - 24 所示。

最终效果如图 4 - 25 所示。

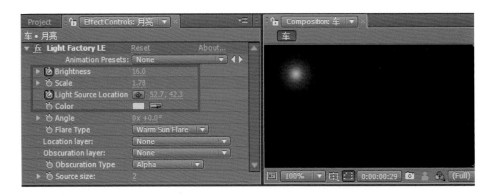

图 4 - 23　设置月亮参数

图 4 - 24　设置月亮的透明度

图 4 - 25　最终效果

4.2　稳定的应用

技术分析

在 DV 拍摄中,常遇到拍摄的镜头出现抖动和不稳定的现象,在后期编辑中又发现某些镜头是必须要用到的,而重拍又面临种种困难。这时,可以利用 Stabilize motion 稳定运动功能,省去重拍的麻烦,得到一个精确的运动匹配,从而达到镜头稳定的效果。

本例知识点

对一段视频运用 Stabilize motion 稳定运动功能,让镜头稳定达到使用的效果。

4.2.1　导入素材并创建合成

步骤 1:导入"4.2 稳定的应用"素材,选中项目窗口的素材拖到项目窗口下的"新建合成"按钮,生成一个"4.2 稳定的应用"合成,如图 4 – 26 所示。

图 4 – 26　导入素材

步骤 2:截取所需视频片断。双击项目窗口的"4.2 稳定的应用"素材,在 00:10 位置按"Alt+["设置为入点,在 03:09 位置按"Alt+]"设置为出点,将时间线上时间轴拖到 00:00 的位置上,点击"Overlay Edit"(覆盖编辑),如图 4 – 27 所示。

步骤 3:删除层 2,Ctrl+K 设置合成持续时间为 3 s,如图 4 – 28 所示。

图 4 - 27　截取所需视频片断

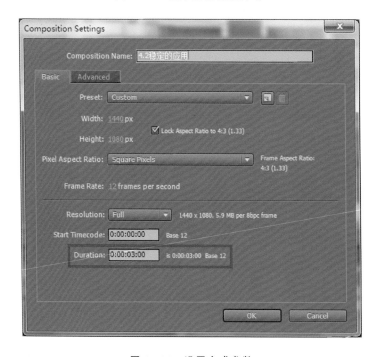

图 4 - 28　设置合成参数

4.2.2　运用 Stabilize motion(稳定)功能

步骤 1：单击选择 Window(窗口)/Tracker(跟踪)，打开 Tracker(跟踪)面板，如图 4 - 29 所示。

步骤 2：点击 Stabilize motion(稳定)按钮，此时合成窗口中出现一个 Track Point 1(跟踪点)，如图 4 - 30 所示。

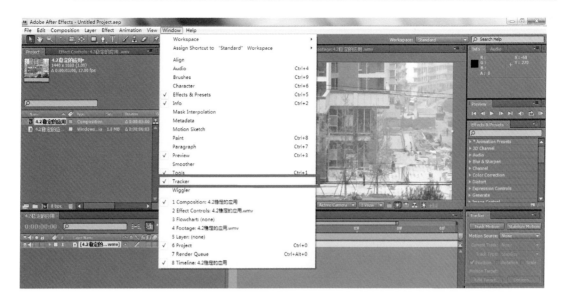

图 4 - 29　打开 Tracker(跟踪)面板

图 4 - 30　打开稳定功能

步骤 3：将 Track Point 1(跟踪点)拖至"活"字下，色彩对比明显的地方，如图 4 - 31 所示。

步骤 4：单击分析按钮，分析跟踪点的位置移动，如图 4 - 32 所示。

步骤 5：如果跟踪点位置跳跃太大，可以在相应时间点，重新拖动跟踪点的位置，再次分析，最终得到跟踪点位置，如图 4 - 33 所示。

步骤 6：单击 Apply(应用)按钮，如图 4 - 34 所示，完成稳定操作，如图 4 - 35 所示。

图 4 - 31　拖动 Track Point 1(跟踪点)

图 4 - 32　分析跟踪点位置

图 4 - 33　分析跟踪点的位置

图 4 - 34　应用属性

图 4 - 35 完成稳定功能

4.2.3 处理边框

步骤：预览视频，可以看到稳定后的画面在跟踪的过程中会有黑色的边框露出来，这是因为画面被跟踪的调整成稳定的镜头，需要图像匹配的结果。最简单的办法是适当放大图像，选中"4.2 稳定的应用"层，按 S，调整该层大小为 116%，拖动时间线，调整图像位置，完成稳定操作，如图 4 - 36 所示。

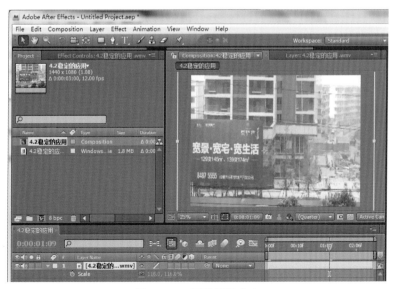

图 4 - 36 调整图层大小

第 5 章　超级粒子

5.1　模拟真实雪花

技术分析

下雪天气的拍摄有时很难找好时机,使用 CC Snow(CC 下雪)特效和调节层可以制作不同级别的雪花,利用大小、速度不同可以模拟真实雪景。

本例知识点

本例通过学习 CC Snow(CC 下雪)特效、调节层、遮罩,模拟制作真实雪景。

5.1.1　模拟真实的雪花

步骤 1:新建一个合成,命名为"comp1",Width(宽)为 720px,Height(高)为 576px,Pixel Aspect Ratio 为 D1/DV PAL(1.09),Duration(持续时间)为 5 s,Frame Rate(帧速率)为 25,如图 5-1 所示。

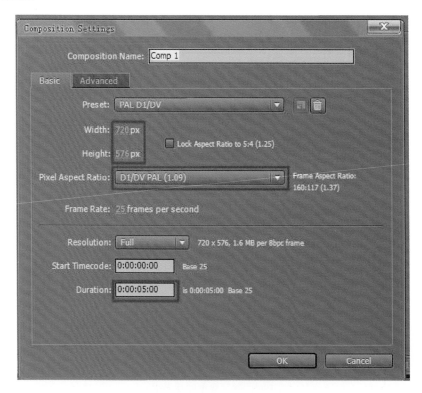

图 5-1　新建一个合成

步骤2：导入该项目素材"雪花背景"，把它放入时间线面板，修改它的 Scale(大小)的值为47，如图5-2所示。

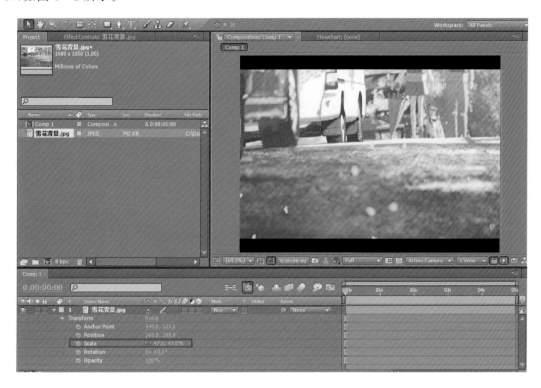

图 5 - 2 修改背景的大小

步骤3：新建一个 Adjustment Layer(调节层)，取名"远景"，放在"雪花背景"层的上方，如图5-3所示。

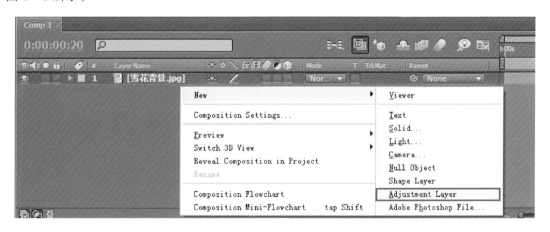

图 5 - 3 新建 Adjustment Layer(调节层)

步骤4：把 Adjustment Layer(调节层)改名为"远景"，为"远景"层添加 Simulation(模拟仿真)/CC Snow(CC下雪)特效，如图5-4所示。

步骤5：修改"远景"层中 CC Snow 的特效参数，调整 Amout(数量)的值为800.0，Speed

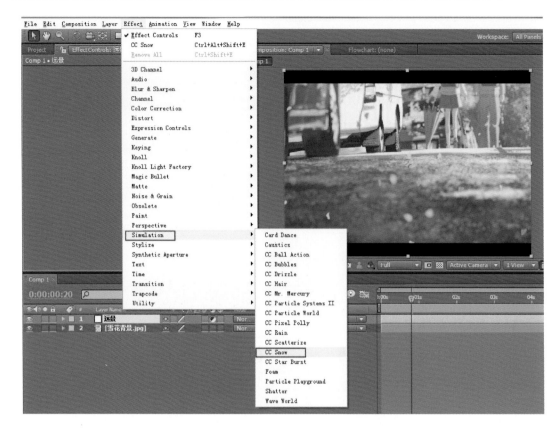

图 5－4　为"远景"层添加 CC Snow 特效

（速度）的值为 0.3，Flake Size（雪花大小）的值为 2.0，Opacity（透明度）的值为 70％，如图 5－5 所示。

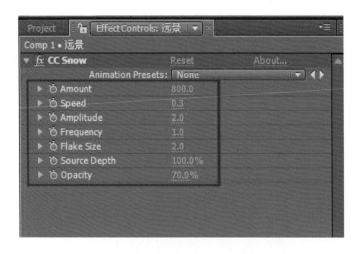

图 5－5　修改"远景"层 CC Snow 的特效参数

　　步骤 6：修改完"远景"层的 CC Snow 的参数后，用铅笔工具在"远景"层上勾出不规则边框，为其添加遮罩，再修改遮罩的羽化值为 30，如图 5－6 所示。

图 5-6 为"远景"层添加遮罩

步骤 7：用 Ctrl＋D 键复制"远景"层，并修改名字为"中景"，放在"远景"层的上方，修改"中景"层的 CC Snow 特效参数，调整 Amount（数量）的值为 300，Speed（速度）的值为 0.6，Flake Size（雪花大小）的值为 4.0，如图 5-7 所示。

图 5-7 修改"中景"层的 CC Snow 特效参数

步骤 8：调整好"中景"层特效参数，然后用钢笔工具为该层添加遮罩节点，调整该层的遮罩形状，再修改遮罩的羽化值为 30，如图 5-8 所示。

图 5 - 8　为"中景"层添加遮罩

　　步骤 9：用 Ctrl＋D 键复制"中景"层，修改名字为"近景"，放在顶层，修改"近景"层的 CC
Snow 特效参数，调整 Amount(数量)的值为 20，Speed(速度)的值为 1，Flake Size(雪花大小)
的值为 9.0，Opacity(透明度)的值为 50％，如图 5 - 9 所示。

图 5 - 9　修改"近景"层的 CC Snow 特效参数

　　步骤 10：调整好"近景"层的特效参数后，然后调整其遮罩形状，如图 5 - 10 所示。

　　步骤 11：制作完成后预览整个雪景效果，如图 5 - 11 所示。

图 5 - 10　为"近景"层添加遮罩

图 5 - 11　雪景效果图

5.2　花瓣雨

技术分析

Particular 是 Trapcode 公司开发的一个粒子特效,它能做出很多真实效果,如火、云、雨、烟等。

本例知识点

本例通过学习 Particular(粒子)特效制作花瓣雨效果。

5.2.1　创建与设置合成

步骤 1：单击选择 File(文件) /Import(导入)/File(文件)命令或按<Ctrl＋I>组合键选择，弹出"Import File"(导入文件)对话框，选择"5.2 花瓣雨背景"、"5.2 花瓣素材"，单击打开，如图 5－12 所示。

图 5－12　导入素材

步骤 2：在"项目"窗口中选择"5.2 花瓣雨背景.jpg"，将其拖放到"项目"窗口下方的"创建新合成"按钮 ▣ 上，创建一名为"5.2 花瓣雨背景"的合成，如图 5－13 所示。

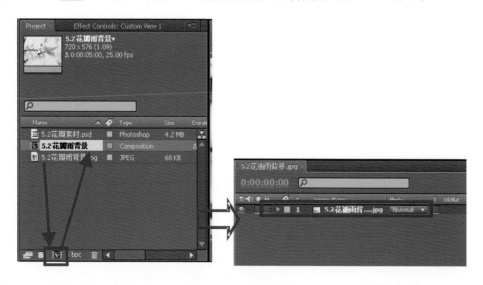

图 5－13　创建合成

步骤 3：在"项目"窗口中选择并右击"5.2 花瓣雨背景合成"，选择"Composition settings（合成设置）"，选择"Preset"为"PAL D1/DV"制式，"Duration"时间设置为"0:00:05:00"，如图 5 - 14 所示。

图 5 - 14　设置"5.2 花瓣雨背景"合成

步骤 4：用"Ctrl＋N"键新建合成，"Composition Name（合成名）"为"花瓣"，"Width（宽）"为 100px（像素），"Height（高）"80px（像素），"Duration"时间设置为"0:00:05:00"，如图 5 - 15 所示。

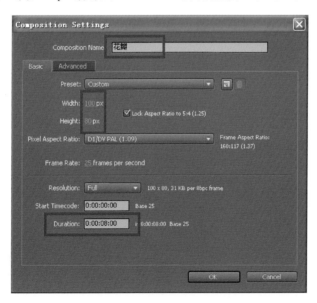

图 5 - 15　新建"花瓣"合成

步骤 5：打开"花瓣"合成，将"5.2 花瓣素材"拖放至时间轴，按下 S 键，设置缩放比例为 18％，并将一个花瓣移动到合成中，如图 5 - 16 所示。

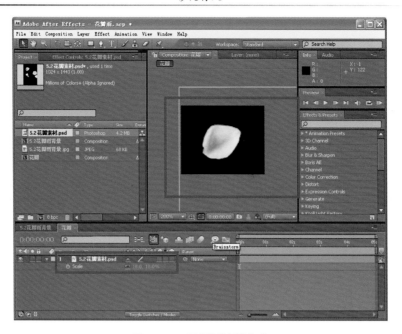

图 5 – 16　设置"花瓣"合成

5.2.2　制作粒子

步骤 1：双击"5.2 花瓣雨背景"合成，执行菜单 Layer（图层）/New（新建）/Solid（固态层）命令或按"Ctrl＋Y"组合键，弹出"创建固态层"窗口，给固态层命名为"粒子"，将"Width（宽度）"设置为"720px"，"Height（高度）"设置为"576px"，"Units"选择"pixels"，"Pixel Aspect Ratio（像素纵横比）"选择为"D1/DV PAL（1.09）"，"Color（颜色）"设置为"黑色"，单击"OK"按钮完成固态层的创建，如图 5 – 17 所示。

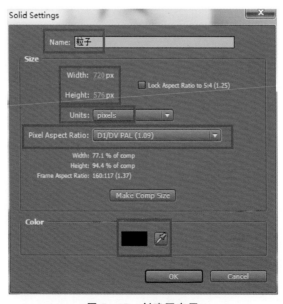

图 5 – 17　创建固态层

步骤 2：将"花瓣"合成拖至时间轴，并点击该层前的  键，将该层设置为"隐藏"，如图 5－18 所示。

图 5－18　"5.2 花瓣雨背景合成"时间轴

步骤 3：选中"粒子"层，执行菜单 Effect（特效）/Trapcode/Particular（粒子）命令，如图 5－19 所示。

图 5－19　添加 Particular（粒子）特效

步骤 4：在"Effect Controls（特效控制台）"面板中，展开"Emitter（发射器组）"，设置"Particles/sec（每秒发射粒子数）"的值为"30"，"Emitter Type（发射器类型）"选择"Box（盒子）"，"Position XY（XY 轴位置）"设置为"62,40"，"Position Z（Z 轴位置）"设置为"100"，"Emitter Size X（X 轴发射器）"设为"755"，"Emitter Size Y（Y 轴发射器）"设为"103"，"Emitter Size Z（Z 轴发射器）"设为"1200"，如图 5－20 所示。

步骤 4：展开"Particular（粒子）"组，设置"Life[sec]（每秒生命值）"为"10"，"Life Random（生命随机值）"为 11，"Particle Type（粒子类型）"选择"Custom（自定义）"，展开"Custom（自定义）组，设置 Layer（图层）为"3.花瓣"，"Time Sampling（时间轴栏）"为"Random－Still Frame（随机－静止帧）"，"Rotation（旋转）"为"8x ＋0.0°"，"Rotation Speed（旋转速度）"为"0.5"，"Size（大小）"为"18.0"，"Size Random[％]（大小随机）"为"50.0"，如图 5－21 所示。

步骤 5：展开"Physics（物理学）"组，设置"Gravity（重力）"为 150.0，"Air Resistance（空气阻力）"为 1.0，"Spin Amplitude（旋转幅度）"为 29.0，"Spin Frequency（旋转频率）"为 2.8，"Wind X（X 轴风）"为 182.0，"Wind Y（Y 轴风）"为 43.0，"Wind Z（Z 轴风）"为－89.0，展开"Turbulence Field（湍流场）"组，设置"Affect Position（影响位置）"值为 30，如图 5－22 所示。

按 0 预览效果，最终效果如图 5－23 所示。

图 5 - 20　Emitter(发射器组)设置

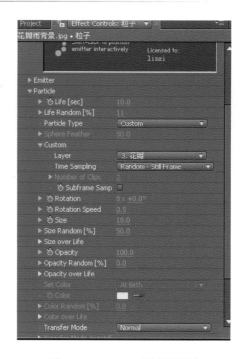

图 5 - 21　Particle(粒子)设置

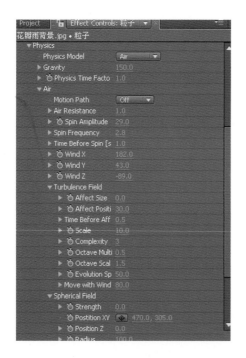

图 5 - 22　Physics(物理学)设置

图 5 - 23　效果图

5.3　风雨天气

技术分析

　　风雨天气可通过云、风、雨、电来体现，而实际拍摄过程中，很难抓住这些自然现象的变化，可以用 AE 中的 Fractal Noise（分形噪波）、CC Rain（CC 下雨）、Advanced Lightning （高级闪电）等特效表现云、风、雨、电。

本例知识点

　　本例通过 Fractal Noise（分形噪波）制作乌云，CC Rain（CC 下雨）制作下雨，Advanced Lightning （高级闪电）制作闪电，来表现风雨天气效果。

5.3.1　制作"背景"层

　　步骤 1：导入素材。

　　① 选择"File"（文件）/"Import"（导入）/"File"（文件），导入素材，如图 5－24 所示。

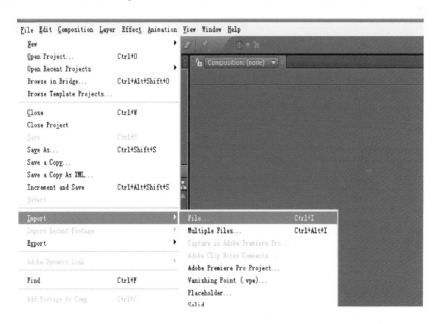

图 5－24　导入素材

　　② 选择素材"风雨天气素材"并打开，如图 5－25 所示。

　　步骤 2：选择 Composition（合成）/New Composition（新建合成）。修改 Composition Name（合成名称）为"风雨天气"，Duration（持续时间）为 4 秒，如图 5－26 所示。

　　步骤 3：新建固态层。选择"Layer"（层）/"New"（新建）/"Solid"（固态层），如图 5－27 所示，更改名字为"云"，选择颜色为黑色，如图 5－28 所示。

　　步骤 4：复制出其他层。

图 5 - 25　选择素材

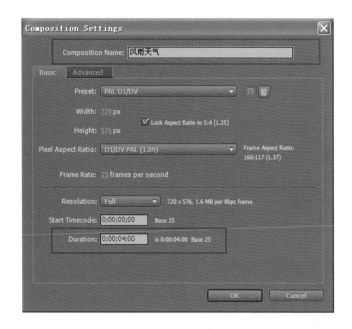

图 5 - 26　新建合成

① 选中"云"层按两下 Ctrl＋D,复制出三层,修改各层名为"雨"、"闪电 1"、"闪电 2",如图 5 - 29所示。

② 选中"风雨素材"层,展开 Transform(属性)将 Scale(比例)缩小至"84％",如图 5 - 30所示。

图 5 - 27 新建固态层

图 5 - 28 固态层设置

图 5 - 29 复制多层

图 5 - 30   调整"风雨素材"层比例

5.3.2   制作"风雨天气"效果

步骤 1：对"风雨素材"添加特效 Brightness&Contrast（亮度和对比度），添加 Brightness（亮度）的关键帧。在 14、16、18、19 帧添加关键帧，14 帧设置 Brightness 值为－100，16、18 帧设置为－80，19 帧设置为－100，选中关键帧 Ctrl＋C 复制，把时间线拖至 2 秒 Ctrl＋V 粘贴。再将"闪电 1、2"更改模式为 Add（添加），"雨"更改模式为 Screen（屏幕），如图 5 - 31 所示。

图 5 - 31   添加 Brightness&Contrast（亮度和对比度）特效

步骤 2：添加云效果。

① 对"云"添加特效 Fractal Noise（分形噪波），CC Toner（CC 调色），Leverls（色阶），Corner Pin（边角固定）。Contrast（对比度）设为 157，Brightness（亮度）设为－21，Complexity（复杂性）设为 6.0，详细参数如图 5 - 32 所示。

② 在第 12、14、22 帧时添加 Brightness（亮度）关键帧。12、22 帧参数为－17，14 帧参数为 0。并复制至 1：23 处。在 0 秒处添加 Rotaion（旋转）关键帧，在 4 秒处添加关键帧设置参数为 15，如图 5 - 33 所示。

步骤 3：添加下雨效果。选中"雨"固态层添加 CC Rain（CC 下雨）特效。在 0 秒处对 Angle（角度）添加关键帧，设置参数为 20，在最后一秒添加关键帧设置参数为 60，参数如图 5 - 34 所示。

步骤 4：添加闪电效果。

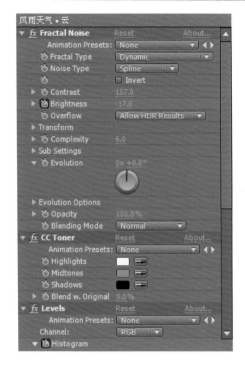
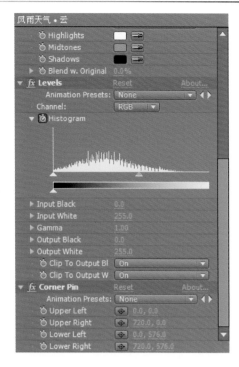

图 5 - 32　云层参数设置

图 5 - 33　云层关键帧设置

① 选中"闪电 1"层添加 Advanced Lightning（高级闪电）特效。Origin（起点）为（138,76.8），Turbulence（紊乱）设为 2.0，Forking（分叉）为 50%。在 14、18 帧处添加 Direction（方向）、Decay（衰减）关键帧，14 帧处 Direction 参数设置为（510,80）。Decay 设置为 5.20。18 帧处 Direction 参数设置为（200,355）。Decay 参数设置为 0.4,其他参数如图 5 - 35 所示。

② 选中"闪电 1"复制出"闪电 2"将其

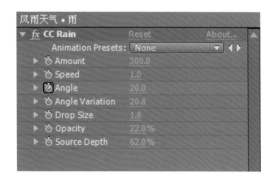

图 5 - 34　雨层参数设置

放在 1：24 处,Direction（方向）参数设置为（428,157）。Decay（衰减）参数设置为 5.20。在 2：03 处 Direction 参数设置为（736,485）。Decay 设置为 0.37,如图 5 - 36 所示。

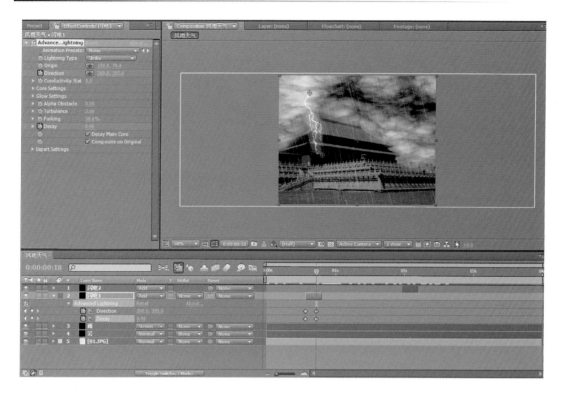

图 5-35　闪电 1 层参数设置

图 5-36　闪电 2 层参数设置

风雨天气最终效果如图 5 - 37 所示。

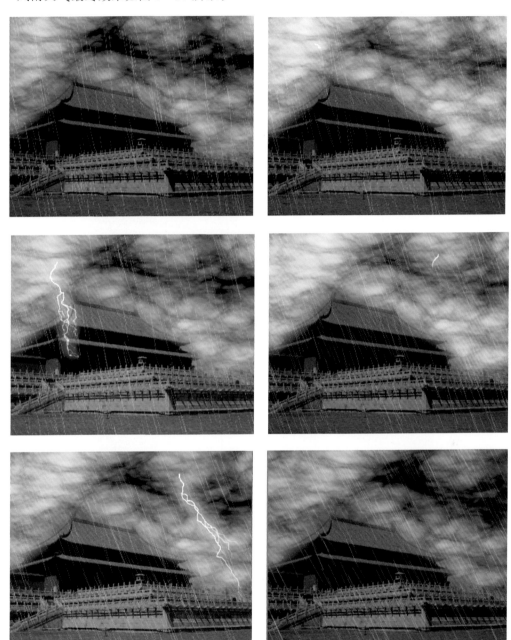

图 5 - 37　风雨效果图

5.4　空间粒子

技术分析

本例主要讲解 AE 中的第三方插件粒子特效(Particular)的使用,AE 三维图层的应用。

本例知识点

本例的学习重点是使用 Particular(粒子)插件,完成空间粒子的效果制作。

5.4.1　制作"粒子效果"

步骤 1:创建合成,选择 Composition(合成)/New Composition(新建合成)或按 Ctrl +N 键选择。改名为"空间粒子",Duration(持续时间)设置为"5 秒",如图 5-38 所示。

图 5-38　创建合成

步骤 2:选择 Layer(层)/New(新建)/Solid(固态层)或按 Ctrl+Y 键新建固态层,改名为 "粒子",颜色设为"橘黄色",如图 5-39 所示。

步骤 3:设置粒子参数。

① 选中"粒子"层,选择 Effect(特效)/Trapcode/Particular(粒子)特效,如图 5-40 所示。

② 设置"粒子"层的"Particular"。在"0 秒"的位置,设置"Particles/sec"为"1800",并打开前面的关键帧记录器,向后移动"3 帧","Particles/sec"为"0",如图 5-41 所示。"Velocity"为 "160","Velocity Ran"为"40","Scale"为"0",如图 5-42 所示。

图 5 - 39　新建固态层粒子　　　　　　　　图 5 - 40　添加 Particular(粒子)特效

图 5 - 41　设置 Particular 特效 1

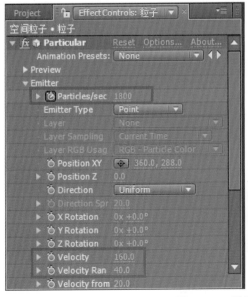

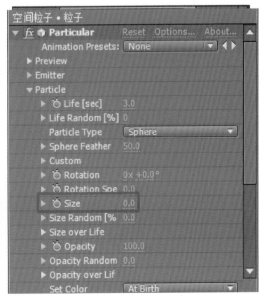

图 5 - 42　设置 Particular 特效 2

③ 将时间指示器移至到"1 秒",打开"Physics time Factor"前面的关键帧指示器。向后移动"10 帧",将"Physics time Factor"设为"0",如图 5-43 所示。"Aux System"下的"Particles/sec"为"235","Emit"选择"From Main Particles""Life[sec]"为"1.3","Size"为"1.5","Opacity"为"30","Render Mode"选择"Full Render+DOF Square(AE)"并设置"Color over Life"和"Opacity over Life",如图 5-44 所示。

图 5-43　设置 Particular 特效 3

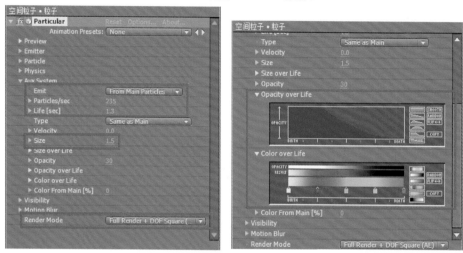

图 5-44　设置 Particular 特效 4

④ "Particles"下的"Size"为"0","Physics"/"Air"/"Turbulence"中的"Affect Position"为"155.0",如图 5-45 所示。

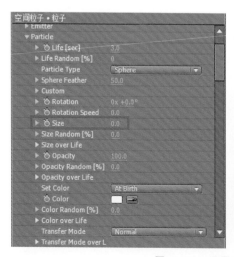

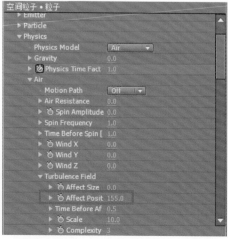

图 5-45　设置 Particular 特效 5

5.4.2　新建"Adjustment Layer(调节层)"

步骤 1：单击选择 Layer(图层)/New(新建)/ Adjustment Layer(调节层)或按"Ctrl＋Alt＋Y"新建调节层，如图 5－46 所示。

图 5－46　创建调节层

步骤 2：单击选择"Effect(效果)/Color Correction(色彩校正)/Curves(曲线)设置调节层，如图 5－47 所示。

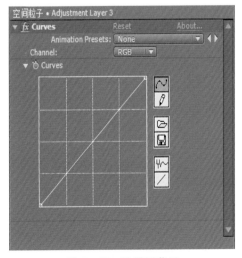

图 5－47　设置调节层

5.4.3　创建一个Camera(摄像机)

步骤1：单击选择Layer(图层)/New(新建)/ Camera(摄像机)或按"Ctrl＋Alt＋Shift＋C"键创建摄像机，如图5－48所示。

图5－48　创建摄像机

步骤2：选中"Camera(摄像机)"层，打开"Transform"，将时间指示器移至到"0秒"，设置"Point of Interest"为"449.3,298.2,163.8"，"Position"为"500.6,308.3,－440.4"，并同时打开前面的关键帧记录器。在"1秒"处，"Point of Interest"为"325.0,298.0,165.0"，"Position"为"－122.0,361.0,535.0"，在"3秒"处，"Point of Interest"为"320.0,280.1,151.9"，"Position"为"－227.0,343.1,306.2"，如图5－49所示。

图5－49　设置摄像机参数

5.4.4　创建文字合成效果

步骤1：创建合成。选择"Composition"(合成)/"New Composition"(新建合成)或按"Ctrl＋N"键。改名为"文字"，Duration(持续时间)设置为"5秒"，如图5－50所示。

步骤2：单击选择Layer(图层)/New(新建)/Text()或按"Ctrl＋Alt＋Shift＋T"键打开

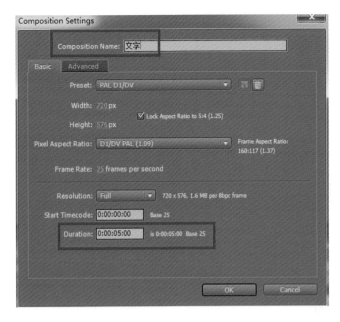

图 5 - 50　创建文字合成

Text，如图 5 - 51 所示。

图 5 - 51　打开 Text

　　步骤 3：在"合成"窗口输入"After Effects"，在"Character"字体面板中选择字体为"Calibri"，字号设为"57px(像素)"，字体颜色设为"白色"，如图 5 - 52 所示。

　　步骤 4：新建两个固态层。选择"Layer"(层)/"New"(新建)/"Solid"(固态层)或按"Ctrl＋Y"键新建，第一个固态层改名为"粉色"，颜色设为"粉色"，第二个固态层改名为"3D"，颜色设为"黑色"，如图 5 - 53 所示。

图 5－52 After Effects 的输入与设置

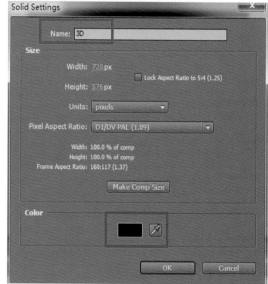

图 5－53 新建 2 个固态层

步骤 5：选中"粉色"层，单击前面的隐藏按钮 。选中"3D"层，打开"Effects"/"Simulation（模拟仿真）"/"Shatter（碎片）"，"View（查看）"选择"Rendered"，"Pattern（图案）"选择"Custom"，"Custom Shatte（自定义碎片映射）"选择"3. After Effects"，"Repetitions（反复）"设为"14.10"，"Radius（半径）"设为"0.0"。"Front Layer（正面图层）"设为"3. After Effects"，"Side Layer（侧面图层）"设为"4. Medium Gray-"，"Back Layer（背面图层）"设为"粉色"，如图 5－54 所示。

步骤 6：设置"Effects"/"Shatter"/"Camera Position"下的"Y Rotation（Y 轴旋转）"，在"0秒"处，"Y Rotation（Y 轴旋转）"设为"0x ＋90.0"，"Scale"设为"100.0,100.0％"，并同时单击前面的关键帧记录器，在"0:00:01:12"处，"Scale"设为"120.0,120.0％"，"Y Rotation（Y 轴旋转）"设为"0x －7.0"，在"3 秒"处，"Y Rotation（Y 轴旋转）"设为"0x ＋29.0"，"Scale"设为"100.0,100.0％"，将制作好的"文字"合成，拖放至"空间粒子"合成中，如图 5－55 所示。

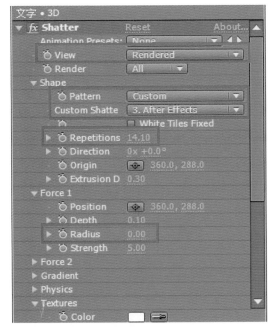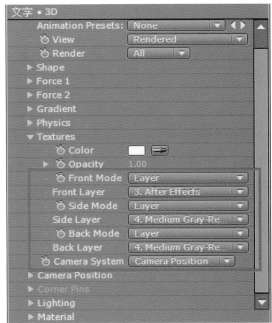

图 5 - 54　设置 Shatter 特效

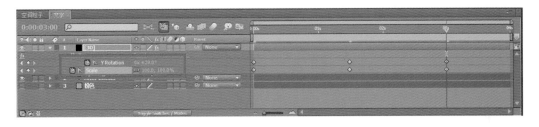

图 5 - 55　设置 3D 的参数

5.4.5　制作背景

步骤 1：选择"Layer"（层）/"New"（新建）/"Solid"（固态层）或按"Ctrl＋Y"键新建，改名为新建一个固态层，改名为"背景"，颜色设为"蓝色"，如图 5 - 56 所示。

步骤 2：使用工具栏中的"椭圆遮罩"工具或按＜Q＞键，绘制遮罩椭圆，将"Mask Feather（羽化）"设为"300.0，300.0 Pixels"。将"背景"层放在"空间粒子"合成的最底层，如图 5 - 57 所示。

最终效果如图 5 - 58 所示。

图 5 - 56　新建背景固态层

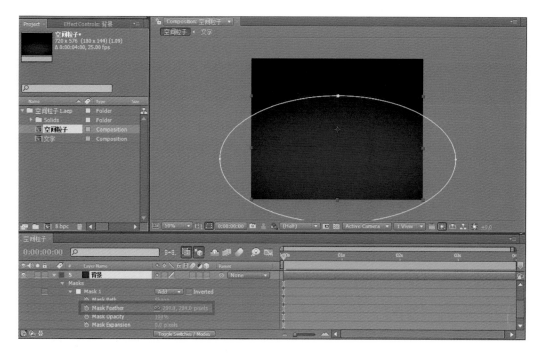

图 5 - 57　设置背景的羽化效果

图 5 - 58　效果图

5.5　炫彩精灵

技术分析

本例主要学习利用 Particular(粒子)特效制作炫彩精灵效果。

本例知识点

Particular 粒子；辉光的应用；曲线的应用。

5.5.1　制作背景

步骤 1：执行菜单"Composition(合成)"/"New Composition(新建合成)"命令或按＜ctrl＋N＞组合键新建合成。合成命名为"炫彩精灵"，"Preset"选择"PAL D1/DV"，"Pixel Aspect Ratio(像素纵横比)"选择为"D1/DV PAL(1.09)"，"Duration(持续时间)"为"6 秒"，如图 5-59 所示。

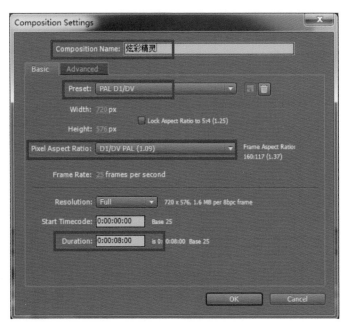

图 5-59　创建合成

步骤 2：执行菜单"Layer(图层)"/"New(新建)"/"Solid(固态层)"命令或按＜Ctrl＋Y＞组合键新建固态层。给固态层命名为"背景"，"Units"选择"pixels"，"Pixel Aspect Ratio(像素纵横比)"选择为"D1/DV PAL(1.09)"，"Color(颜色)"设置为"黑色"，如图 5-60 所示。

步骤 3：选中"背景"层，执行菜单"Effect(特效)"/"Generate(生成)"/"Ramp(渐变)"命令，"Start color(开始颜色)"为"R:0,G:40,B:255"，"End color(结束颜色)"为"黑色"。"Ramp shape"选择"Radial ramp"，"End of romp"设置为"360.0,666.0"，如图 5-61 所示。

图 5-60　新建固态层

图 5-61　Ramp 参数设置与效果图

5.5.2　制作粒子

步骤 1：执行菜单"Layer(图层)"/"New(新建)"/"Solid(固态层)"命令或按<Ctrl+Y>组合键新建固态层。给固态层命名为"粒子"，"Units"选择"pixels"，"Pixel Aspect Ratio(像素纵横比)"选择为"D1/DV PAL(1.09)"，"Color(颜色)"设置为"黑色"，如图 5-62 所示。

步骤 2：选中"粒子"层，执行菜单"Effect(特效)"/"Trapcode"/"Particular(粒子)"命令，展开"Emitter(发射器组)"，设置"Particles/sec(每秒发射粒子数)"为"100"，"Velocity(速度)"为"100"，展开"Particular(粒子组)"，设置"Life[sec](每秒生命值)"为"10"，"Life Random(生命随机值)"为"5"，"Particular Type(粒子类型)"选择"Cloudlet(云)"，"Cloudlet Feather(云形羽化)"为"50"，"Set Color(设置颜色)"选择"Random from Gradient"，展开"Size over Life()"

图 5-62　新建合成

和"Opacity over Life",如图 5-63 所示。

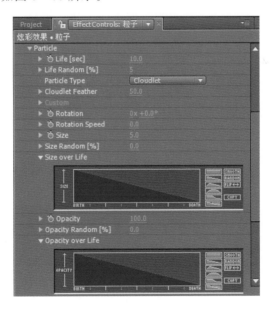

图 5-63　Particular(粒子)参数

5.5.3　绘制路径

步骤 1:执行菜单"Layer(图层)"/"New(新建)"/"Solid(固态层)"命令或按<Ctrl+Y>
组合键新建固态层。给固态层命名为"路径","Units"选择"pixels","Pixel Aspect Ratio(像素纵横比)"选择为"D1/DV PAL(1.09)","Color(颜色)"设置为"黑色",如图 5-64 所示。

图 5-64　新建固态层

步骤 2:选择"路径"层,在工具栏中单击"钢笔工具"按钮,在"路径"层上绘制一条路径,合成窗口效果如图 5-65 所示。

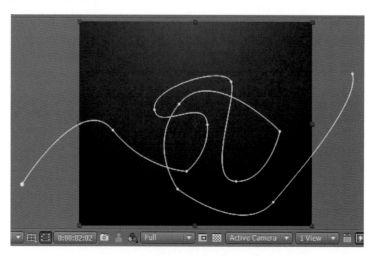

图 5-65　绘制路径

步骤 3:单击"路径"层"显示与隐藏"按钮,在时间线面板中,选择"路径"层,按 M 键展开"遮罩形状"选项,选中"遮罩形状"选项,按 Ctrl+C 组合键将其复制,如图 5-66 所示。

步骤 4:将时间指示器拖到"00:00:00:00"帧的位置,展开"粒子"层"Effect(特效)"/"Trapcode"/"Particular(粒子)",选中"Position XY(X、Y 轴位置)",按"Ctrl+V"组合键,将

图 5 - 66 复制路径 1

"遮罩形状"粘贴到"Position XY(X、Y 轴位置)"选项上,如图 5 - 67 所示。

图 5 - 67 设置位置关键帧

步骤 5:将时间指示器拖到"00:00:07:00"帧的位置,选中"粒子"层并将最后一个关键帧拖动到当前帧的位置,如图 5 - 68 所示。

图 5 - 68 复制路径 2

5.5.4 为粒子层添加特效

步骤 1:选中"粒子"层,打开"Effect(特效)"/"Color Correction(色彩校正)"/"Curves(曲线)"设置"Curves(曲线)"参数,如图 5 - 69 所示。

步骤 2:选中"粒子"层,打开"Effect(特效)"/"Stylize(风格化)"/"Glow(辉光)",使用默认的参数,如图 5 - 70 所示。

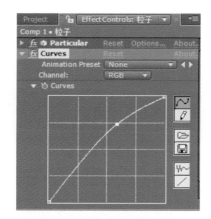 

图 5 - 69　设置"Curves(曲线)"参数和效果图

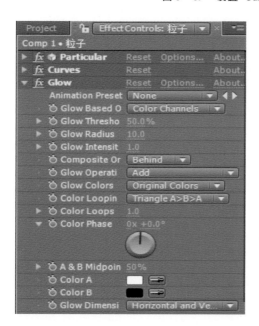 

图 5 - 70　设置"Glow(辉光)"参数和效果图

步骤 3：执行"Composition(合成)"/"Make Movie"命令或按＜Ctrl＋M＞组合键，对其中的参数进行设定，然后单击"Render"按钮输出动画，如图 5 - 71 所示。

图 5 - 71　渲染与输出

最终效果如图 5 - 72 所示。

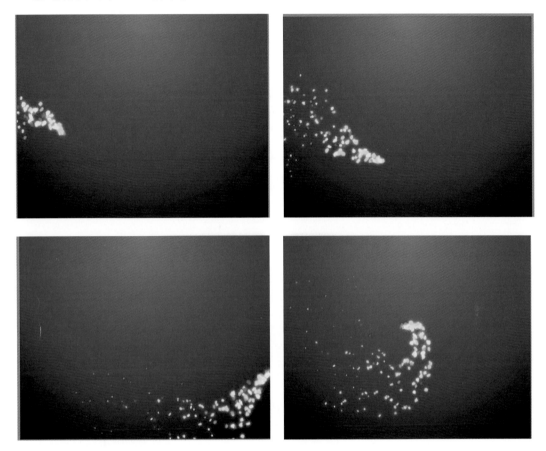

图 5 - 72　最终效果

第6章 动态背景

6.1 穿梭的流光

技术分析

通过 Fractal Noise(分形噪波)的特点,调整噪波的大小、形状等参数,然后在利用 Venetian Blinds(百叶窗)特效和 CC Lens(CC 透镜)特效制作弧线效果。

本例知识点

学习 Fractal Noise(分形噪波)制作变化的图案,利用 Tritone(三色)特效为其上色,熟悉 Blinds(百叶窗)特效的功能和效果,让 CC Lens(CC 透镜)特效制作出特殊的视觉环形效果。

6.1.1 建立流光噪波层

步骤 1：新建一个合成,命名为"穿梭的流光",Width(宽)为 720px,Height(高)为 576px, Pixel Aspect Ratio 为 D1/DV PAL(1.09),Duration(持续时间)为 5 s,Frame Rate(帧速率)为 25,如图 6-1 所示。

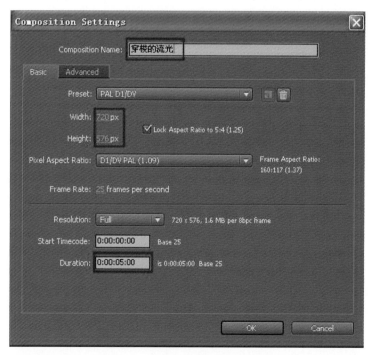

图 6-1 新建"穿梭的流光"合成

步骤 2：在时间线面板中新建一个固态层,命名为"流光"。选择"流光"层,为其添加 Fractal Noise(分形噪波)特效,在特效控制的面板中修改 Fractal Noise(分形噪波)特效的参数,调整 Contrast 的值为 280,Bightness 的值为－35,展开 Transform(变换),取消勾选 Uniform Scaling(统一比例)选项,并将 Scale Width 设置为 600,将 Scale Height 选项设置为 45.5,具体设置如图 6－2 所示。

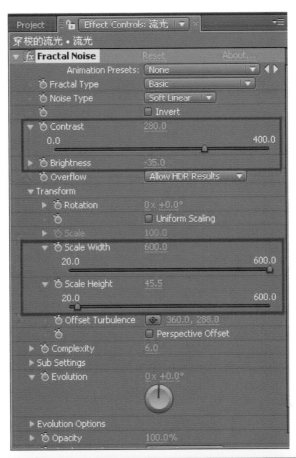

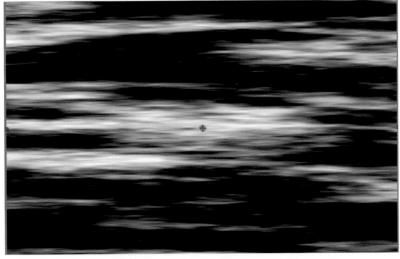

图 6－2　设置 Fractal Noise(分形噪波)特效参数及效果

步骤 3：制作噪波动画。把时间调整到 0：00：00：00 处，在特效面板中展开 Fractal Noise 特效，打开 Evolution 选项的关键帧按钮，并确定 Evolution 的值为 0 * ＋0，然后调整时间到 0：00：04：24 处，修改 Evolution 的值为 3 * ＋0，如图 6 - 3 所示。

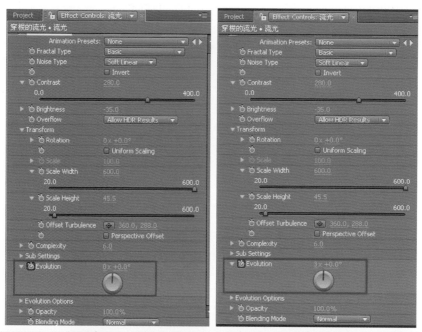

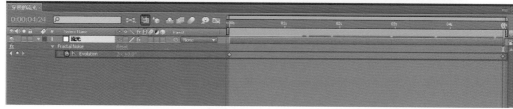

图 6 - 3　设置 Evolution 项的关键帧动画

步骤 4：为"流光"调整颜色。选择它并为其添加 Color Correction/Tritone(三色)特效，修改 Midtones 的颜色参数为(R：70，G：106，B：127)，如图 6 - 4 所示。

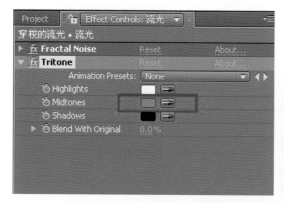
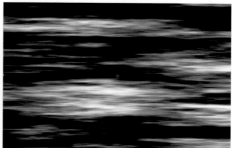

图 6 - 4　设置 Tritone(三色)特效参数及效果

6.1.2　制作环形引导层

步骤 1：在时间线面板中新建一个 Adjustment Layer 引导层，并为引导层添加 Transition/Venetian Blinds（百叶窗）特效，在特效控制面板中，修改 Transition Completion 的值为 38%，设置 Direction 的值为 0 * +90°，Width 的值为 6，Feather 的值为 1.0，如图 6-5 所示。

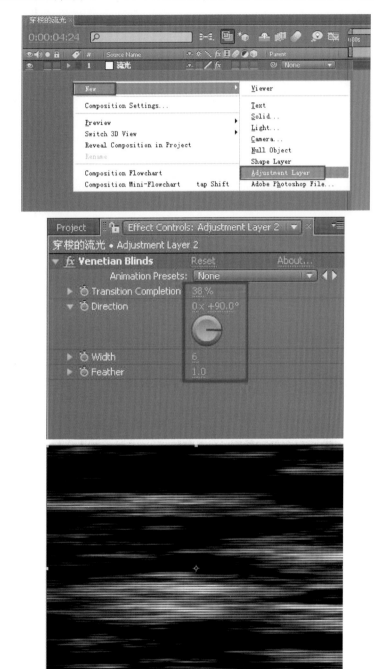

图 6-5　为新建 Adjustment Layer 引导层设置 Venetian Blinds（百叶窗）特效参数及效果

步骤2：再为其调节层添加 Distort/CC Lens（CC 透镜）特效，在特效控制面板中，修改 Size 的值为 200，如图 6-6 所示。

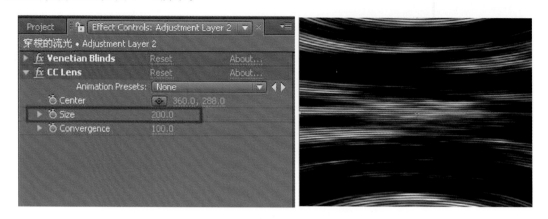

图 6-6　设置 CC Lens（CC 透镜）特效参数及效果

步骤3：最后再为其调节层添加一个发光特效。添加 Stylize/Glow 特效，在特效控制面板中，修改 Glow Threshold 的值为 60，修改 Glow Radius 的值为 30，修改 Glow Intensity 的值为 0.8，修改 Glow Colors 的选项为 A&B Colors，修改 Color Looping 的选项为 Triangle A＞B＞A，修改 Color B 的颜色选项为（R：124，G：136，B：255），如图 6-7 所示。

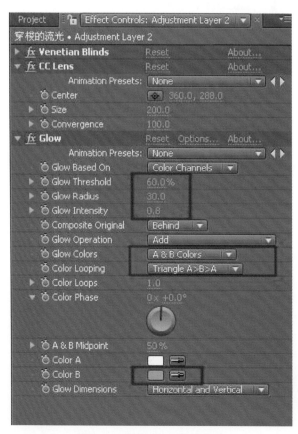

图 6-7　设置 Glow 特效参数

步骤 4：最终预览穿梭的流光效果如图 6－8 所示。

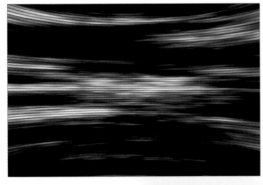

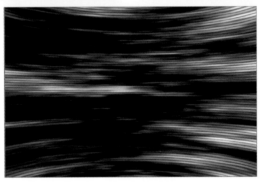

图 6－8　最终效果

6.2　天空云彩

技术分析

利用 Fractal Noise(分形噪波)的变化特性,调整噪波的大小、形状等参数,设置关键帧使白色的噪波如云彩在天空中流动。

本例知识点

进一步掌握 Fractal Noise(分形噪波)的属性特点,制造更多效果模仿现实中天空,接触 Tint 特效功能,改变整体黑到白的颜色。

6.2.1　建立云彩噪波层

步骤 1：新建一个合成,命名为"天空云彩",Width(宽)为 720px,Height(高)为 576px, Pixel Aspect Ratio 为 D1/DV PAL(1.09),Duration(持续时间)为 5 s,Frame Rate(帧速率)为 25,如图 6－9 所示。

步骤 2：在时间线面板中新建一个 Solid(固态)层,命名为"云彩"。建好后,为它添加 Noise&Grain/Fractal Noise 命令,在 Fractal Noise 的特效面板中调节它的参数,将 Fractal Type(分形类型)设置为 Turbulent Sharp,Noise Type(噪波类型)设置为 Spline,再调整 Contrast 的值为 110,展开 Transform(变换),取消勾选 Uniform Scaling(统一比例)选项,并将

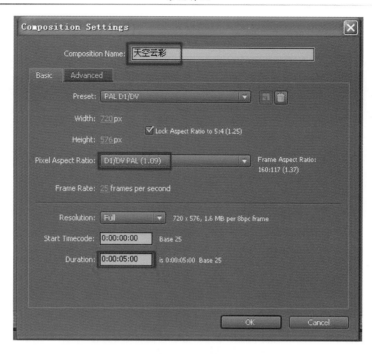

图 6 - 9　新建"天空云彩"合成

Scale Width 设置为 210，将 Sub Scaling 选项设置为 56，具体设置如图 6 - 10 所示。

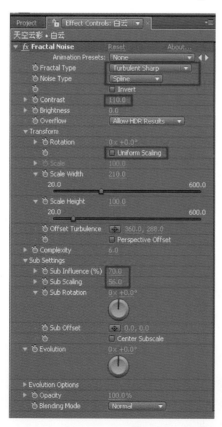

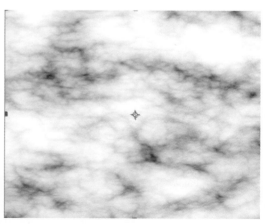

图 6 - 10　设置 Fractal Noise 特效参数及效果

步骤 3：从画面中可以看出，有云彩的基本形状，但是对比不是太强，可以将画面再调整亮一点。再选择"云彩"层，为其添加 Color Correction/Levels 命令，调整 Levels 特效参数，设置 Input Black 的值为 90，如图 6-11 所示。

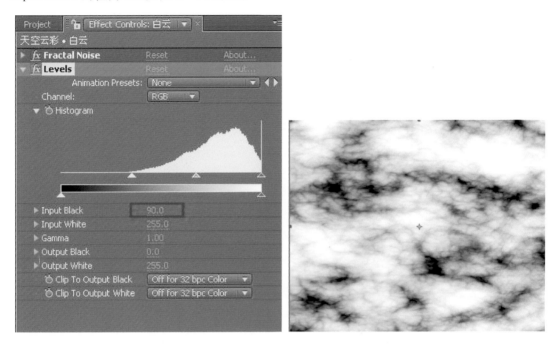

图 6-11 设置 Levels 特效参数及效果

步骤 4：完成以上步骤可以开始调整整个画面的颜色，使它看起来更像是在天空中，把黑色的地方变成蓝色。为"云彩"层添加 Color Correction/Tint 命令，调整 Tint 特效里的参数，设置 Map Black to 的颜色为（R：61，G：128，B：190），如图 6-12 所示。

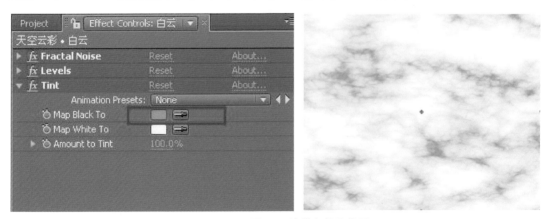

图 6-12 设置 Tint 特效参数及效果

6.2.2 让云彩流动

步骤 1：将时间调整到 0：00：00：00 处，在特效面板中展开 Fractal Noise 特效，打开 Offset Turbulence、Sub Offset 和 Evolution 三个选项的关键帧按钮，并确定 Offset Turbulence 的值

为(360,288)，Sub Offset 的值为(0,0)，Evolution 的值为 0 * ＋0，如图 6－13 所示。然后在时间线面板中选择"云彩"层，在输入法为英文输入时，按下键盘的 U 键，"云彩"层下会出现打开关键帧的选项。

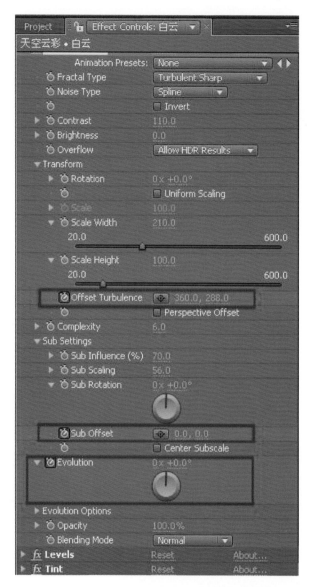

图 6－13 设置 Fractal Noise 特效关键帧参数

步骤 2：调整时间到 0:00:04:24 处，修改 Offset Turbulence 的值为(600,288)，Sub Offset 的值为(150,0)，Evolution 的值为 0 * ＋119，在修改完这些值后软件自动记录生成关键帧如图 6－14 所示。

步骤 3：整个云彩流动的动画制作完成。也可以以此类推，分近景、中景、远景等制作不同大小，运动速度不同的云彩，以达到更好的视觉效果。整个效果如图 6－15 所示。

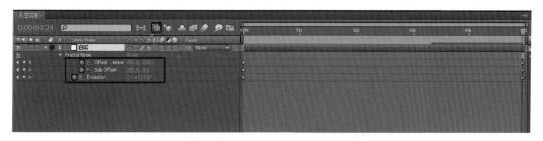

图 6 - 14　修改 Fractal Noise 特效参数完成关键帧动画

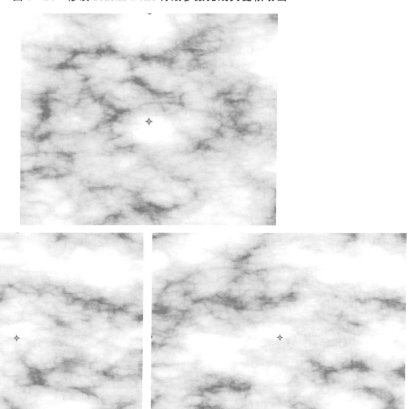

图 6 - 15　最终效果

6.3　星光汇聚

技术分析

这个例子主要用到了 AE 自带的 Card Dance 特效,设置 Card Dance 具体参数,制作关键帧动画,最后使用 Starglow 特效制作星光效果。

本例知识点

使用 Ramp 特效制作渐变效果,用于后面 Card Dance 特效的渐变层,使用 Card Dance 特效制作图片的破碎分离效果,使用 Starglow 特效制作光效,丰富画面。

6.3.1　建立星光噪波层

步骤 1:新建一个合成,命名为"噪波",Width(宽)为 720px,Height(高)为 576px,Pixel Aspect Ratio 为 D1/DV PAL(1.09),Duration(持续时间)为 8 s,Frame Rate(帧速率)为 25,如图 6 - 16 所示。

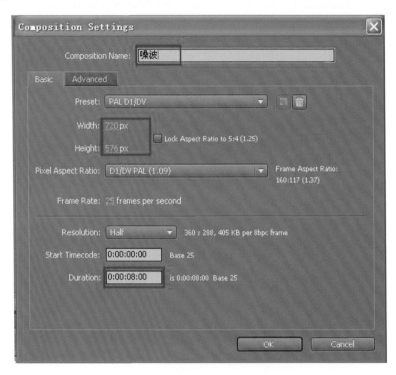

图 6 - 16　设置"噪波"合成参数

步骤 2:在时间线面板中新建一个固态层,命名"渐变"。选择"渐变"层,为其添加 Generate/Ramp(渐变)特效,在特效控制的面板中修改 Ramp(渐变)特效的参数,具体设置如图 6 - 17 所示。

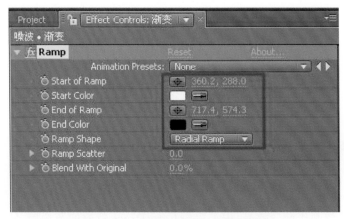

图 6 - 17　设置渐变特效参数及效果

图 6 - 17　设置渐变特效参数及效果(续)

步骤 3：再新建一个固态层，命名为"噪波"。选择"噪波"层，为其添加 Fractal Noise(分形噪波)特效，在特效控制的面板中修改 Fractal Noise(分形噪波)特效的参数，具体设置如图 6 - 18 所示。

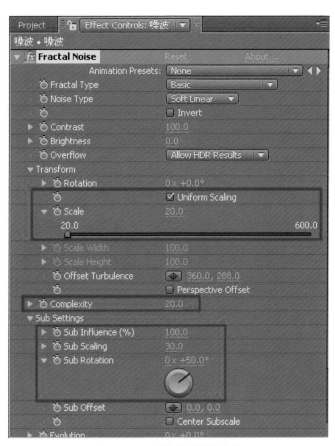

图 6 - 18　设置分型噪波参数

步骤 4：继续为"噪波"层添加 Color Correction/Curves(曲线)特效，在特效控制的面板中修改参数，具体设置如图 6 - 19 所示。

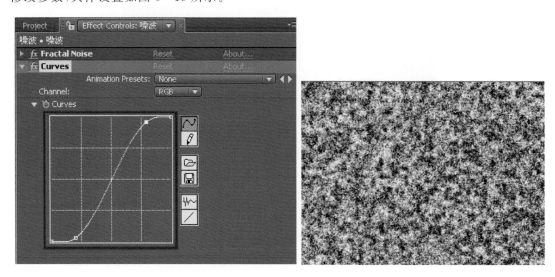

图 6 - 19　设置曲线特效参数

步骤 5：选择"渐变"层，设置它的层叠加方式为 Multiply，如图 6 - 20 所示。

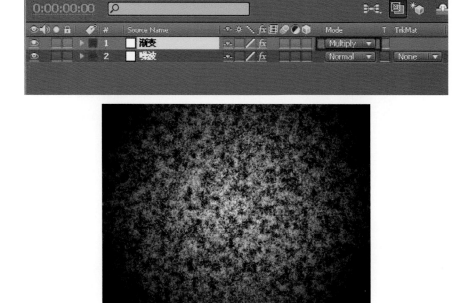

图 6 - 20　设置"渐变"层的叠加方式和效果

6.3.2　制作星光汇聚

步骤 1：新建一个合成，命名为"图片"，Width(宽)为 720px，Height(高)为 576px，Pixel

Aspect Ratio 为 D1/DV PAL(1.09)，Duration(持续时间)为 8 s，Frame Rate(帧速率)为 25，如图 6-21 所示。

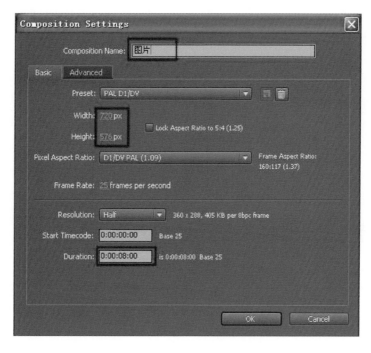

图 6-21　设置"图片"合成参数

步骤 2：在"项目"面板中双击鼠标左键，选择导入配套素材"图片"，再将它拖入"图片"合成中，然后选择"图片"层，按 Ctrl+Alt+F 组合键将图片缩放至满屏效果，如图 6-22 所示。

图 6-22　导入"图片"素材

图 6 - 22　导入"图片"素材(续)

步骤 3：再新建一个合成，命名为"星光汇聚"，Width(宽)为 720px，Height(高)为 576px，Pixel Aspect Ratio 为 D1/DV PAL(1.09)，Duration(持续时间)为 8 s，Frame Rate(帧速率)为 25，如图 6 - 23 所示。

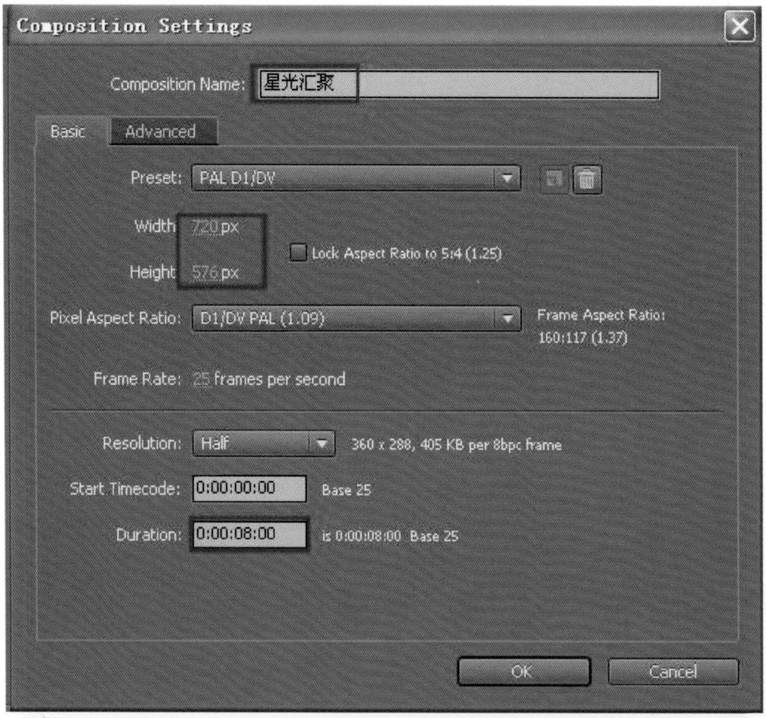

图 6 - 23　设置"星光汇聚"合成参数

步骤 4：在"星光汇聚"合成中新建一个固态层，大小与合成一致，然后为其添加 Generate/Ramp（渐变）特效，具体参数设置如图 6 - 24 所示。

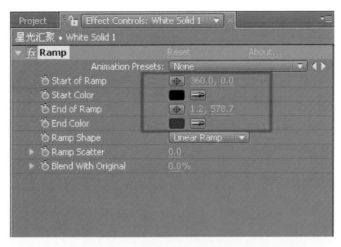

图 6 - 24　设置渐变特效参数

步骤 5：在项目面板中选择"噪波"、"图片"两个合成，然后拖入"星光汇聚"合成中，并关闭"噪波"层的显示开关，如图 6 - 25 所示。

图 6 - 25　调整图层顺序并关闭"噪波"层的显示开关

步骤 6：选择"噪波"层，为其添加 Simulation/Card Dance 特效，首先对 Rows 和 Columns
参数进行设置，并将 Gradient Layer（渐变层）1 设置为"噪波"层，如图 6 - 26 所示。

图 6 - 26　设置 Card Dance 特效参数

步骤 7：展开 Card Dance 特效的 X Ppsition、Y Ppsition 和 Z Position 这三个属性，并对其
参数进行设置，如图 6 - 27 所示。

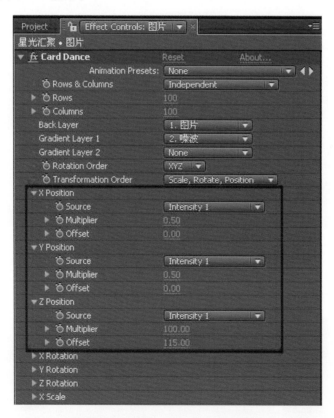

图 6 - 27　设置 Card Dance 特效参数

步骤 8：展开 Card Dance 特效的 X Scale、Y Scale 和 Camera Position 这三个属性，并对其
参数进行设置，如图 6 - 28 所示。

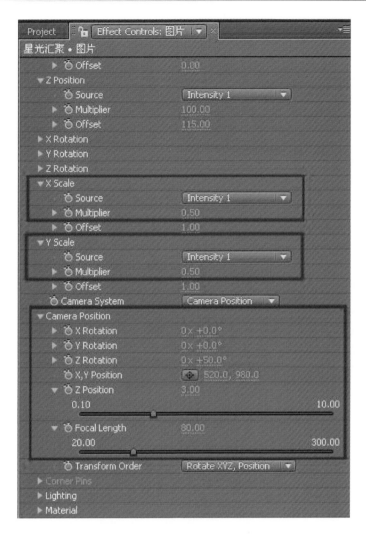

图 6 - 28　设置 Card Dance 特效参数

步骤 9：对已经设置的相关属性制作关键帧动画。首先，把时间调整到 0:00:00:00 处，打开 X Ppsition、Y Ppsition 和 Z Position 下的 Multiplier 值的关键帧按钮，然后再打开 Z Position 下的 Offset 值的关键帧按钮；继续打开 X Scale、Y Scale 下的 Multiplier 值的关键帧按钮；再打开 Camera Position 下的 Z Rotation 的关键帧按钮；最后打开 Camera Position 下的 X，Y Position 的值的关键帧按钮，如图 6 - 29 所示。

步骤 10：把时间调整到 0:00:07:00 处，设置 X Ppsition、Y Ppsition 和 Z Position 下的 Multiplier 值为 0，然后再调整 Z Position 下的 Offset 值为 0；继续设置 X Scale、Y Scale 下的 Multiplier 值为 0；调整 Camera Position 下的 Z Rotation 的值为 0 * +0；最后设置 Camera Position 下的 X，Y Position 的值为(360，288)，如图 6 - 30 所示。

步骤 11：选择"图片"层，为其添加 Trapcode/Starglow 特效，选择预制效果为 Warm Star，其他参数设置如图 6 - 31 所示。

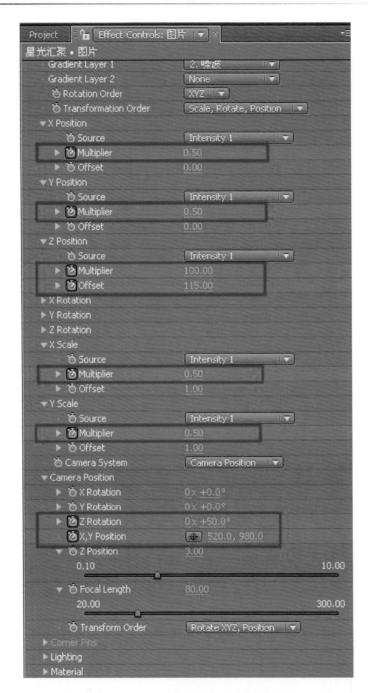

图 6 - 29 打开 Card Dance 各选项关键帧

步骤 12：调整时间到 0：00：05：00 处，确定 Pre-Process 下的 Threshlod 的值为 160 时，并打开它的关键帧按钮；再调整时间到 0：00：07：00 处，设置 Pre-Process 下的 Threshlod 的值为 300，如图 6 - 32 所示。

步骤 13：对以上设置进行预览，最终效果如图 6 - 33 所示。

图 6 - 30　修改 Card Dance 特效参数

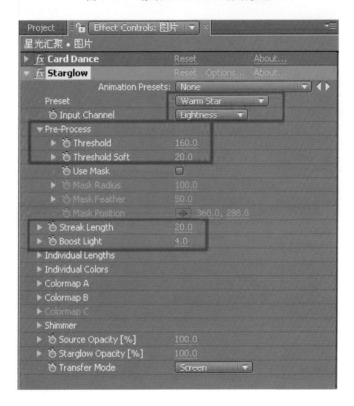

图 6 - 31　设置 Starglow 特效参数

图 6 - 32　设置 Starglow 特效关键帧动画

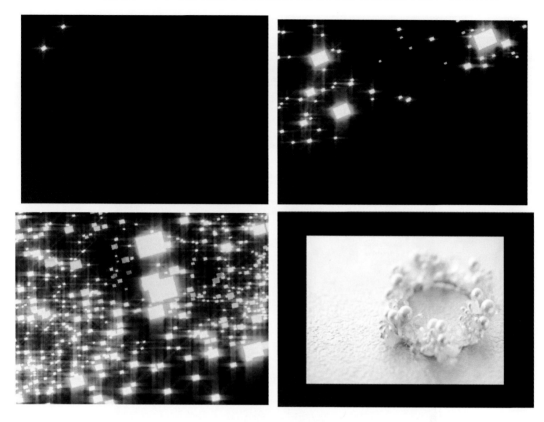

图 6 - 33　最终效果

第 7 章　三维空间

7.1　三维灯光效果

技术分析

本例主要学习对文字层三维属性的修改，添加三维灯光层和摄像机制作出立体效果，最后通过调节层添加辉光特效，提高整体效果。

本例知识点

学习掌握 AE 三维空间属性设置，如何调整灯光和摄像机在三维空间中的位置。

7.1.1　制作三维文字

步骤 1：新建一个合成，命名为"三维灯光效果"，Width（宽）为 720px，Height（高）为 576px，Pixel Aspect Ratio 为 D1/DV PAL（1.09），Duration（持续时间）为 5 秒，Frame Rate（帧速率）为 25。如图 7 - 1 所示。

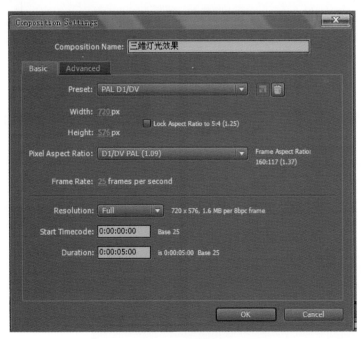

图 7 - 1　新建"三维灯光效果"合成

步骤 2：分别输入文字"三维灯光效果"、"3D"两个文字层。如图 7 - 2 所示。

步骤 3：新建一个白色固态层，放在底端，并打开三个层的三维开关，如图 7 - 3 所示。

图 7 - 2　添加文字层

图 7 - 3　设置三维层

步骤 4：在 Composition（合成）窗口中，修改显示方式为 4-Views，如图 7 - 4 所示。

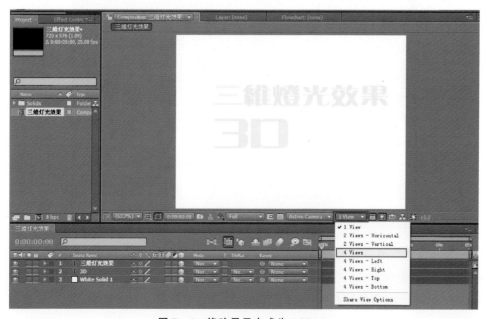

图 7 - 4　修改显示方式为 4-Views

步骤 5：选择白色固态层,把白色固态层调整成地面,修改白色固态层的三维属性参数,如图 7-5 所示。

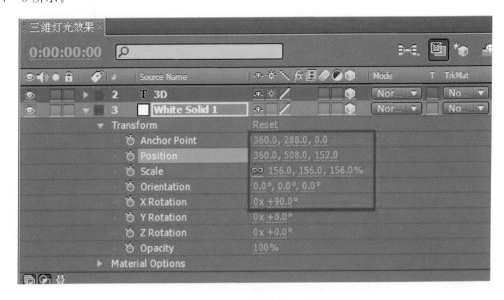

图 7-5　设置白色固态层的三维属性参数

合成窗口显示如图 7-6 所示。

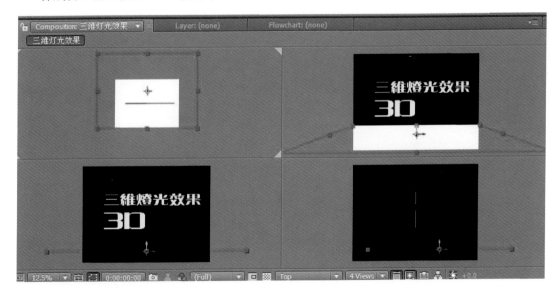

图 7-6　合成窗口

步骤 6：调整"3D"文字层的三维属性 Position 为"160.1,503.1,-48.0",让"3D"文字层放在地面上且靠前的位置。参数设置如 7-7 所示。

步骤 7：选择"三维灯光效果"文字层,调整三维属性 Position 为"95.6,494.8,80.0",效果如图 7-8 所示。

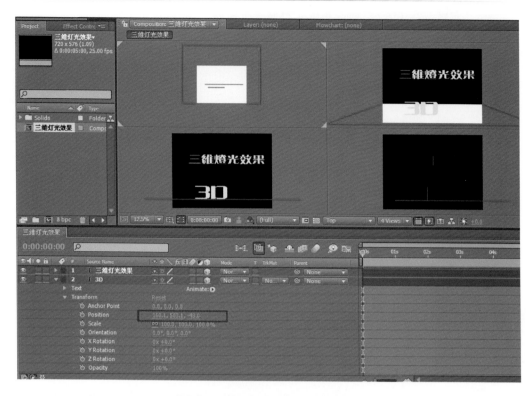

图 7 - 7　调整 3D 文字层的三维属性

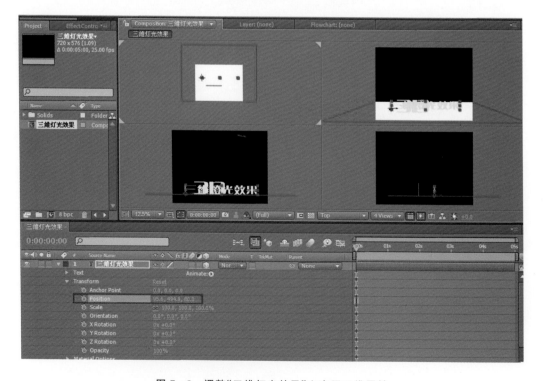

图 7 - 8　调整"三维灯光效果"文字层三维属性

7.1.2 制作三维灯光和摄像机

步骤1：在时间轴空白处右击鼠标，选择 New(新建)/Light(灯光)，新建一个灯光层，如图7-9所示。在弹出的 Light Settings(灯光设置)对话框中对灯光层进行设置，如图7-10所示。

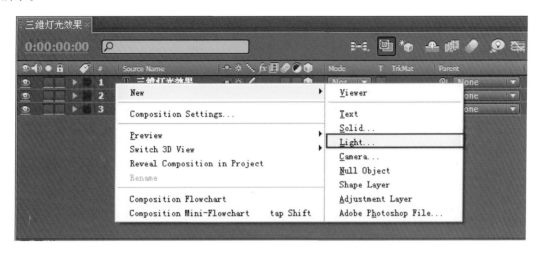

图7-9 新建灯光层

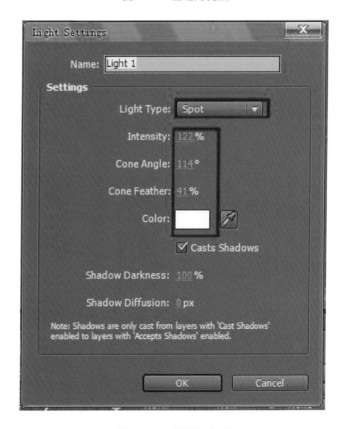

图7-10 设置灯光层

步骤 2：修改灯光位置和中心点参数，并打开投影开关，参数设置如图 7 - 11 所示，效果如图 7 - 12 所示。

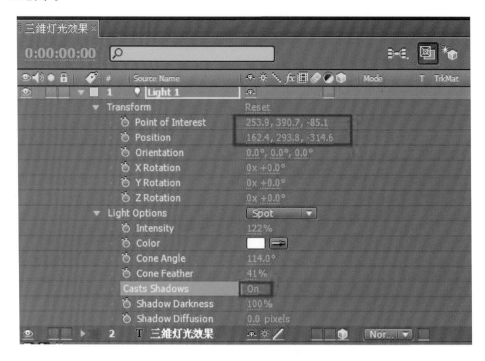

图 7 - 11　灯光位置和中心点参数设置

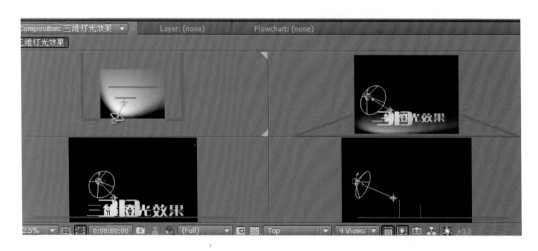

图 7 - 12　添加灯光后的效果图

步骤 3：当打开灯光层的投影开关以后，在画面上并没有发现文字投影，还需要分别打开每个文字层的投影开关，这样则可以看到明显的投影。如图 7 - 13 所示。

步骤 4：调整好灯光后，创建一个摄像机，如图 7 - 14 所示。

调整摄像机的位置和中心点，可直接在参数值上按住鼠标左键调整值，使得画面到理想位置。如图 7 - 15 所示。

步骤 5：调整好摄像机位置以后，在 Composition（合成）窗口中，修改显示方式为 1-View。

图 7 - 13 打开灯光层的投影开关

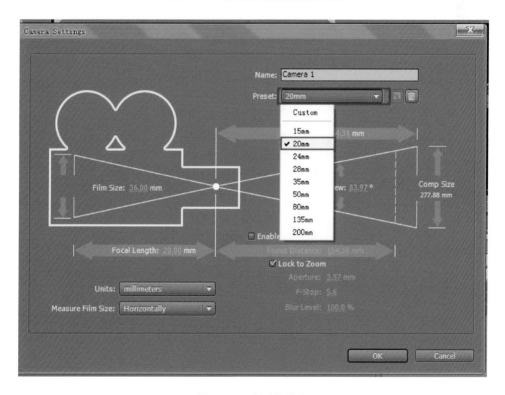

图 7 - 14 创建摄像机

如图 7 - 16 所示。

步骤 6：再新建一个调节层。单击选择 New(新建)/Adjustment(调节层)新建，并为其添加 Effect(效果)/Stylize(风格化)/Glow(辉光)特效，特效参数设置如图 7 - 17 所示。

步骤 7：按 0 预览最终效果如图 7 - 18 所示。

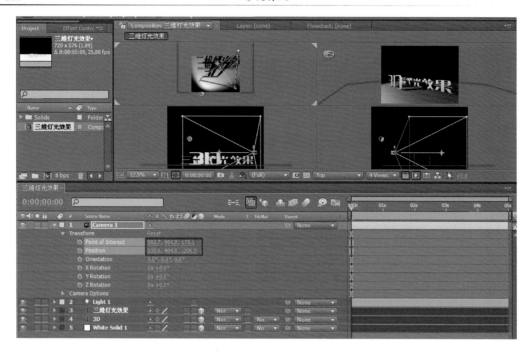

图 7 - 15　调整摄像机的位置和中心点

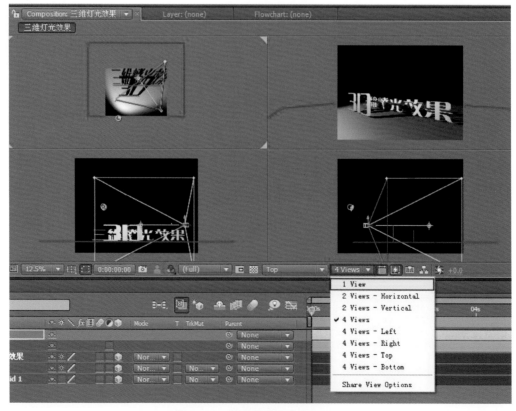

图 7 - 16　修改显示方式为 1 View

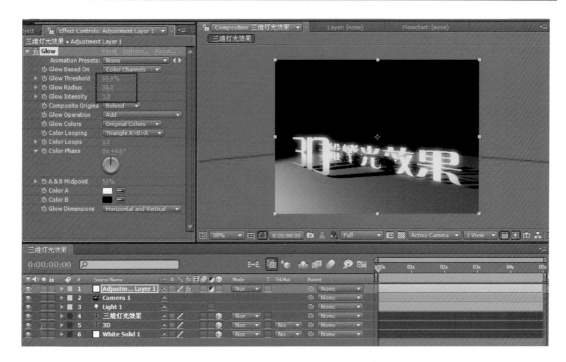

图 7 - 17　为调节层添加辉光特效

图 7 - 18　效果图

7.2　水面倒影

技术分析

本例学习图层三维效果的运用,通过多个图层的位置、色彩的调整达到三维空间效果。

本例知识点

对影子层使用 Curves(曲线)调节固态层颜色,为倒影层添加 Ripple(波纹)特效,并新建摄像机层和调节层,以达到水面倒影的三维空间效果。

7.2.1　制作"界面"层

步骤 1:创建合成。选择"Composition"(合成)/"New Composition"(新建合成)。如图 7 - 19所示。

图 7 - 19　新建合成

步骤 2:导入素材。选择"File"(文件)/"Import"(导入)/"File"(文件),选择素材"7.2 王子.PSD"并打开、导入素材,如图 7 - 20 所示。

步骤 3:新建固态层。

① 选择"Layer"(层)/"New"(新建)/"Solid"(固态层),如图 7 - 21 所示。

② 更改 Name(名字)为"界面",选择 Color(颜色)为白色,如图 7 - 22 所示。

③ 单击界面后的 按钮,打开三维图层开关,调整"X Rotation"(X 旋转)为"0x ＋90°",将固态层"Scale"(比例)放大,参数设置如图 7 - 23 所示。

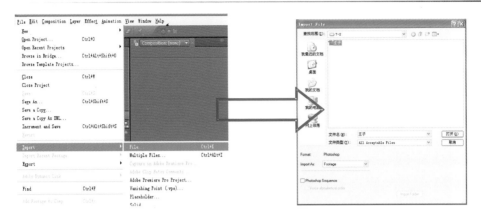

图 7 - 20 导入素材

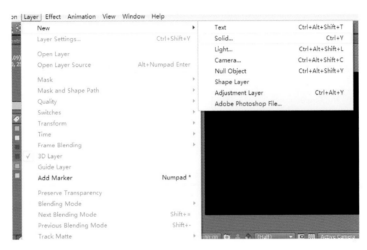

图 7 - 21 新建固态层

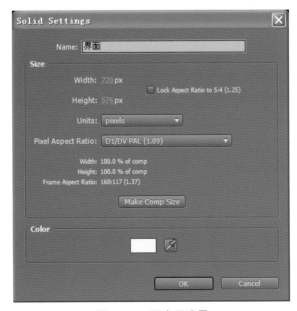

图 7 - 22 固态层设置

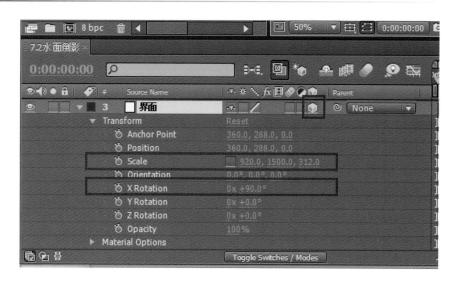

图 7 - 23　设置"界面"三维属性

7.2.2　制作水面"王子"层

步骤 1：将王子拖入到界面层中心选中并按"S"键更改王子层"Scale"（缩放比例）为 50％，再点击王子后的 按钮，参数设置、效果图如图 7 - 24 所示。

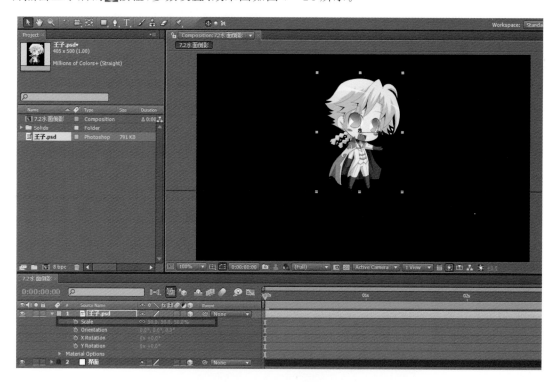

图 7 - 24　设置缩放比例

步骤 2：新建一个摄像机，参数不改变，按"C"键拖动图层，效果图如图 7 - 25 所示。

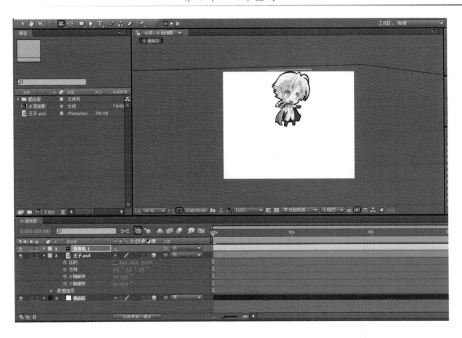

图 7 - 25 新建摄像机

步骤 3：选中界面层，选择"Effect"（效果）/"Generate"（生成）/"Ramp"（渐变），如图 7 - 26 所示。

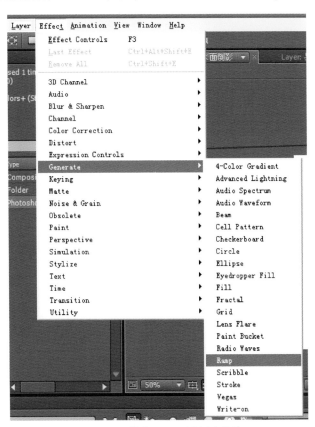

图 7 - 26 添加 Ramp(渐变)特效

步骤4：置"Ramp Shape"(渐变形状)为"Radial Ramp"(放射渐变)，"Start Color"(起始颜色)选为蓝色，"End Color"(结束颜色)选择蓝黑色，"Start of Ramp"(起始点)"End of Ramp"(结束点)位置的参数。参数设置如图7-27所示。

图7-27 设置 Ramp(渐变)参数

7.2.3 生成"王子影子"层

步骤1：选中王子层按"Ctrl＋D"，复制王子图层，将其命名为"王子影子"，选择"Effect"(特效)/"Color Correction"(颜色校正)/"Curves"(曲线)，打开曲线特效，去掉图层的颜色，参数如图7-28所示。

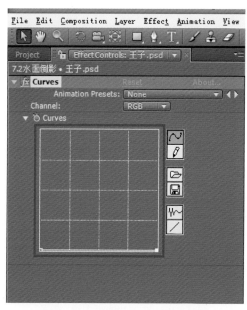

图7-28 设置 Curves(曲线)参数

步骤 2：选中"王子影子"层，更改"Opacity"（透明度）为"40％"，将其拖动到合适的位置，参考参数如图 7 - 29 所示。

图 7 - 29　"王子影子"层属性设置

步骤 3：选中该层拖放到"王子"层下，设置父层为"王子"，设置如图 7 - 30 所示，效果图 7 - 31 所示。

图 7 - 30　父子层设置

图 7 - 31　影子效果图

7.2.4　创建"王子倒影"层

步骤 1：选中"王子"层按 Ctrl＋D，复制王子图层。将上面王子层改名为"王子倒影"。

步骤 2：创建调节层。在"界面"上方添加"调节层"，按快捷键"Ctrl＋Alt＋Y"快速添加"调节层"，效果图 7 - 32 所示。

图 7 - 32　添加"调节层"

　　步骤 3：制作"王子倒影"层"线性擦除"特效。选中"王子倒影"层，选择 Effect(特效)/
Transition(过渡)/Linear Wipe(线性擦除)。设置参数：Transition Complete(完成过渡)设置
为 60%，Wipe Angle(擦除角度)设置为 180°，Feather(羽化)设置为 300。参数如图 7 - 33
所示。

图 7 - 33　添加 Linear Wipe(线性擦除)特效

倒影效果如图 7 - 34 所示。

图 7 - 34　倒影效果图

步骤 4：选中"王子倒影"层添加水中"波纹"特效。在"Effects & Presets（特效和预设）"窗口的搜索栏里输入"Ripple"（波纹），如图 7-35 所示。

步骤 5：设置 Radius（半径）为 50，Wave Speed（波纹速度）为 0.7，Wave Width（波纹宽度）为 51.7，Wave Height（波纹高度）为 22，Ripple Phase（波纹相位）为 0x +184.0°Type of Conversi（转换类型）为 Asymmetric（非对称），Center of Ripple（波纹中心）定在王子的脚下。详细参数如图 7-36 所示。

图 7-35 添加"Ripple"（波纹）

图 7-36 设置"Ripple"

最终效果图如图 7-37 所示。

图 7-37 最终效果图

7.3　3D 图像盒子

技术分析

本例利用 Boris Cube（三维立方体）制作"3D 图像盒子"合成，最后用 Shine（发光）特效制作发光效果。

本例知识点

本例利用 Boris Cube（三维立方体）制作"3D 图像盒子"合成，最后用 Shine（发光）特效制作发光效果。

7.3.1　建立"3D 图像盒子"合成

步骤 1：新建一个合成，命名为"3D 图像盒子"，Width（宽）为 720px，Height（高）为 576px，Pixel Aspect Ratio 为 D1/DV PAL（1.09），Duration（持续时间）为 5 秒，Frame Rate（帧速率）为 25。如图 7 - 38 所示。

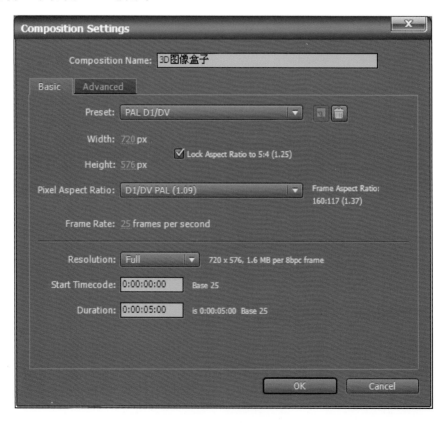

图 7 - 38　新建合成窗口

步骤 2：单击菜单中的 File（文件）/Import（导入）/File（文件）命令，导入图片素材 1.jpg～ 6.jpg 文件共 6 张素材图片，并把它们导入到 Timeline（时间线）窗口中，关闭除第一层外的其他图层的显示开关，使"1.png"图层单独显示。现在的 Timeline（时间线）窗口如图 7 - 39 所示。

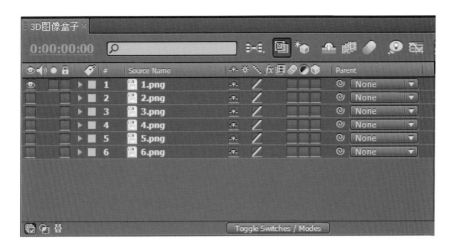

图 7 - 39　导入素材

步骤 3：在 Timeline(时间线)窗口中选中"1.png"图层,单击菜单中的 Effect(效果)/Boris AE Perspective(透视)/Boris Cube(三维立方体)命令,添加一个 Boris Cube(三维立方体)滤镜,现在的合成窗口如图 7 - 40 所示。

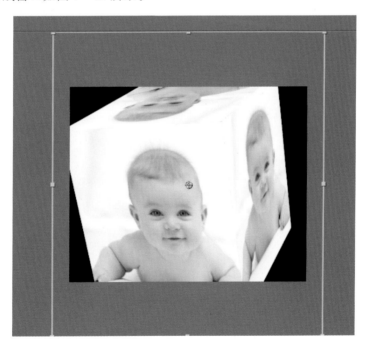

图 7 - 40　初步 3D 效果

步骤 4：在 Effect Controls(特效控制)面板中设置参数如图 7 - 41 所示。

合成窗口如图 7 - 42 所示。

步骤 5：在 Effect Controls(特效控制)面板中按下 Tumble、Spin 和 Rotare 这 3 项前面的动画记录按钮,设置动画关键帧：

设置 Tumble(X 旋转)在第一帧(0)时为 21,在最后一帧时为 161°；

图 7-41　设置图像参数

图 7-42　贴图效果

设置 Spin(Y 旋)在第一帧时为 -33,在最后一帧时为 1X+332°;

设置 Rotate(Z 旋转)在第一帧时为 0,在最后一帧时为 191°。

现在的 Timeline(时间线)窗口如图 7-43 所示。

图 7-43　设置旋转动画

7.3.2　制作发光效果

步骤 1：在 Timeline（时间线）窗口中选中"1. png"图层，单击菜单中的 Effect（效果）/
Trapcode/Shine（发光）命令，再添加一个 Shine（发光）滤镜，详细参数设置如图 7 - 44 所示。

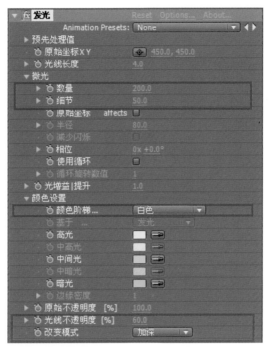

图 7 - 44　添加发光效果

步骤 2：在 Timeline（时间线）窗口中展开"1. png"图层，找到 Shine（发光）特效下的
Simemer/Phase（相位），单击 Phase（相位）项前面的动画记录按钮，设置关键帧：设其值在第
一帧时为 0，在最后一帧时为 2x，如图 7 - 45 所示。

图 7 - 45　设置光线相位变化

最终效果如图 7 - 46 所示。

图 7-46　效果图

7.4　飞舞蝴蝶

技术分析

本节的学习重点为三维空间的合成技巧,用 photoshop 蝴蝶分层素材做蝴蝶翅膀抖动效果,最后加上背景图片,做出在花丛中飞舞的蝴蝶效果。

本例知识点

用 Photoshop 蝴蝶分层素材在 AE 中用三维图层做蝴蝶翅膀抖动效果。

7.4.1　导入蝴蝶素材并设置动画

步骤 1：运行 After Effects CS4 软件,执行 File(文件)/Import(导入)/File(文件)命令或按 Ctrl＋I 组合键,弹出"Import File"窗口,选择蝴蝶素材/蝴蝶素材. psd,将 Import As 选择为"Composition-Cropped Layers(合成-裁剪图层)",如图 7-47 所示。

步骤 2：用鼠标双击"项目"窗口中的"蝴蝶素材"合成,即可看到 PSD 文件里的图层按顺序摆放在"时间线"窗口中,如图 7-48 所示。

步骤 3：在"时间线"窗口中打开全部的三维图,在"Parent"面板中设置父子关系,将"左翅膀"与"右翅膀"层设为"中间"的子对象,如图 7-49 所示。

步骤 4：展开"右翅膀"层的"Transfrom"属性,设置 Anchor Point(定位点)为"－2.0,160.0,0.0",Position(位置)设置为"50.0,130.0,0.0",如图 7-50 所示。

步骤 5：展开"左翅膀"层的"Transfrom"属性,设置 Anchor Point(定位点)为"230.0,180.0,0.0",Position(位置)设置为"24.0,150.0,0.0",如图 7-51 所示。

图 7-47　导入蝴蝶素材

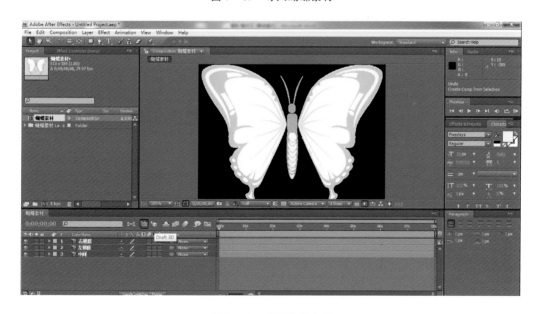

图 7-48　蝴蝶素材合成

　　步骤 6：展开"Transform"属性，设置"右翅膀"层的 Y Rotation（Y 轴）为"0x−70.0°"，并打开前面的关键帧记录器，时间指示器移到"0：00：00：12"设置"右翅膀"层的 Y Rtation（Y 轴）为"0x＋70.0°"，如图 7-52 所示。

图 7 - 49　打开三维层并设置父子图层

图 7 - 50　设置"右翅膀"参数

图 7 - 51　设置"左翅膀"参数

　　步骤 7：展开"Transform"属性，设置"左翅膀"层的 Y Rotation（Y 轴）为"0x＋70.0°"，并打开前面的关键帧记录器，时间指示器移到"0：00：00：12"设置"左翅膀"层的 Y Rotation（Y 轴）为"0x－70.0°"，如图 7 - 53 所示。

　　步骤 8：选择上述设置的关键帧，按 Ctrl＋C 键复制帧，每隔 12 帧再按 Ctrl＋V 键粘贴帧，形成蝴蝶振动翅膀动画效果，如图 7 - 54 所示。按小键盘上的 0 键或"空格键"预览动作效果，如图 7 - 55 所示。

图 7-52　设置右翅膀动画

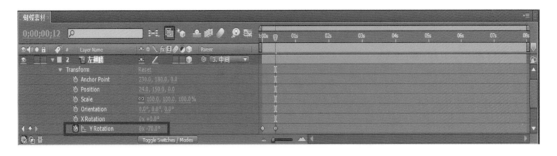

图 7-53　设置左翅膀动画

图 7-54　设置翅膀动画

图 7-55　预览动画效果

7.4.2　导入背景素材并设置飞舞蝴蝶动画

步骤 1：选择 File（文件）/Import（导入）/ File（文件）或按 Ctrl＋I 键,选择"蝴蝶背景素材.png",导入素材到"项目"窗口中。如图 7-56 所示。

步骤 2：将"蝴蝶背景素材"拖至到"时间线"窗口,如图 7-57 所示。

步骤 3：在"时间线"窗口展开"中间"层 Transform 属性,设置 Anchor Point（定位点）为

图 7-56　导入背景素材

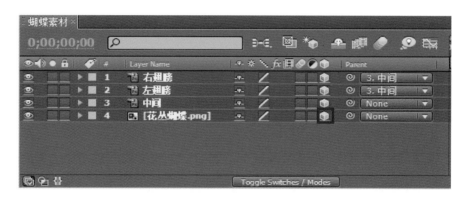

图 7-57　背景素材

"40.0,150.0,0.0",将指示器移到 0 秒处,设置 Position(位置)为"50.0,90.0,-25.0",并打
开 Position(位置)关键帧记录器,Scale(大小)为"20％",X Rotation(X 轴)为"0x+120",Y
Rotation(Y 轴)为"0x+30°",Z Rotation(Z 轴)为"0x+80°",如图 7-58 所示。

图 7-58　设置蝴蝶飞舞动画 1

步骤 4：将指示器移到 2 秒处，设置 Position（位置）为"150.0,100.0,—200.0"，X Rotation（X 轴）为"0x+130°"，Y Rotation（Y 轴）为"0x+30°"，Z Rotation（Z 轴）为"0x+90°"，并打开 X Rotation（X 轴）Y Rotation（Y 轴），Z Rotation（Z 轴）前面的关键帧，如图 7 - 59 所示。

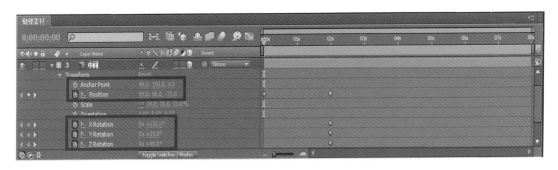

图 7 - 59　设置蝴蝶飞舞动画 2

步骤 5：把指示器移到 5 秒处，设置 Position（位置）为"300.0,220.0,—200.0"，Scale（大小）为"25％" X Rotation（X 轴）为"0x+140°"，Y Rotation（Y 轴）为"0x—30°"，Z Rotation（Z 轴）为"0x+130°"，如图 7 - 60 所示。

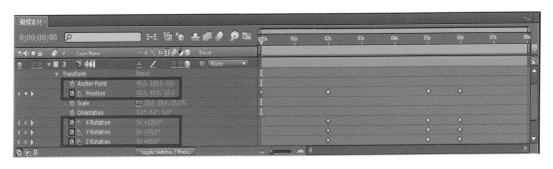

图 7 - 60　设置蝴蝶飞舞动画 3

步骤 6：在 6 秒的位置设置 Position（位置）为"350.0,180.0,—250.0"，X Rotation（X 轴）为"0x+140°"，Y Rotation（Y 轴）为"0x—40°"，Z Rotation（Z 轴）为"0x+130°"，如图 7 - 61 所示。蝴蝶飞舞动画效果如图 7 - 62 所示。

图 7 - 61　设置蝴蝶飞舞动画 4

图 7 - 62 蝴蝶飞舞动画效果图

最终动画效果如图 7 - 63 所示。

图 7 - 63 动画效果

第8章　经典特效与灯光效果

8.1　手写字

技术分析

本例通过 Vacror Paint 的回放动画的独特功能,让文字一笔一笔地写出来。

本例知识点

Vacror Paint 是一个功能非常强大的矢量绘画工具,利用它可以在图像层、Solid 层上自由地绘制所需要的线条,并实施记录下来线条的绘制过程,再以动画的方式进行回放出来。本例正是利用其功能制作手写字。

步骤 1:新建一个合成,命名为"手写字",Width(宽)为 720px,Height(高)为 576px,Pixel Aspect Ratio 为 D1/DV PAL(1.09),Duration(持续时间)为 5 秒,Frame Rate(帧速率)为 25。如图 8-1 所示。

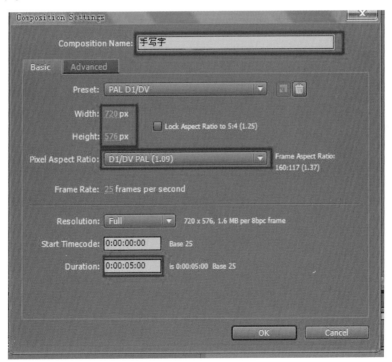

图 8-1　新建合成

步骤 2:选择文字工具,在 Composition(合成)面板中,输入文字"门",如图 8-2 所示。

步骤 3:选择文字层,对文字层添加 Paint/Vactor Pain(动态画笔)特效。添加特效后,在

图 8 - 2   输入文字门

Composition(合成)面板中出现一个工具栏,这是用于绘画的画笔、橡皮擦、吸管工具等,如图 8 - 3所示。

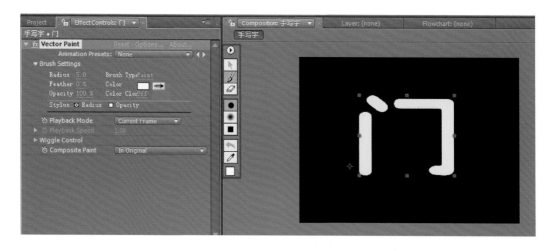

图 8 - 3   添加 Paint/Vactor Pain(动态画笔)特效

步骤 4:设置画笔大小 Radius(半径)为 25 和画笔颜色 color(颜色)为红色,如图 8 - 4 所示。

步骤 5:在为文字绘制蒙版之前还要进行一项重要的设置,点击 Composition(合成)面板中的工具栏上方下拉菜单按钮,选择 Shift-Paint Records/Continuously(连续)命令,如图 8 - 5 所示。

步骤 6:绘制"门"字形状,按笔画顺序依次绘画,每次红色的画笔要完全覆盖文字的黄色画笔。从绘画开始到结束,按住键盘上的 Shift 键进行绘画,如图 8 - 6 所示。

图 8-4　设置画笔大小和颜色

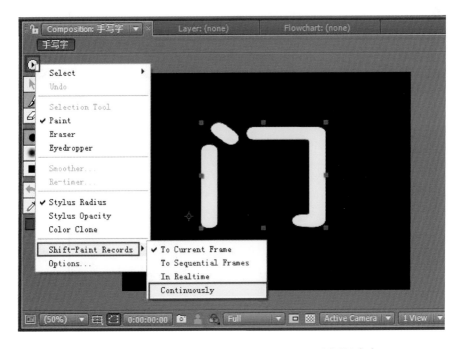

图 8-5　选择 Shift-Paint Records/Continuously(连续)命令

　　步骤 7：完成绘画后，需要调整特效面板中 Vactor Paint 特效参数，修改 Playback Mode (回放模式)参数，单击它右边的按钮，在下拉菜单中选择 Animate Strokes(动画笔触)，如图 8-7 所示。

　　步骤 8：调整后预览动画，红色画笔已慢慢显示出来，由于速度过慢，还需调整 Playback Speed(回放速度)的值为 5，如图 8-8 所示。

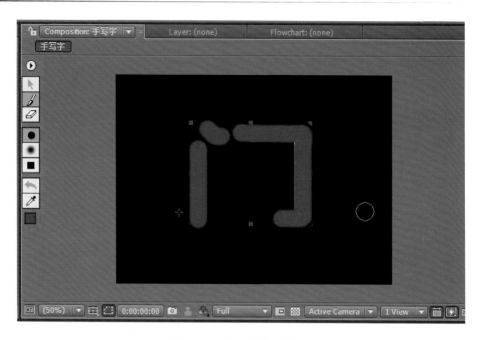

图 8-6　按写字笔画绘制

图 8-7　回放模式中选择动画笔触

　　步骤 9：调整 Vactor Paint 特效最后一个参数，就是把红色画笔设为"门"字的遮罩显示。调整 Composite Paint 参数，在下拉菜单中，选择 AS Matte 命令，如图 8-9 所示。

　　步骤 10：这样一来，红色的画笔不再显示，而"门"按照画笔的顺序显示，实现了手写字的效果。预览动画，如图 8-10 所示。

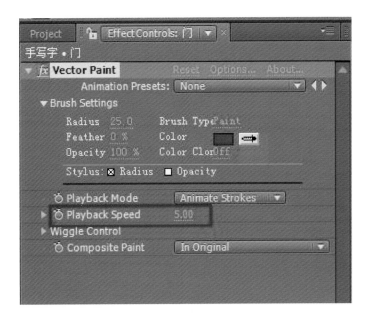

图 8 - 8 设置回放速度为 5

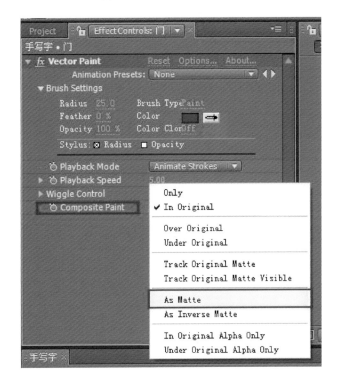

图 8 - 9 设置绘制图案为遮罩显示

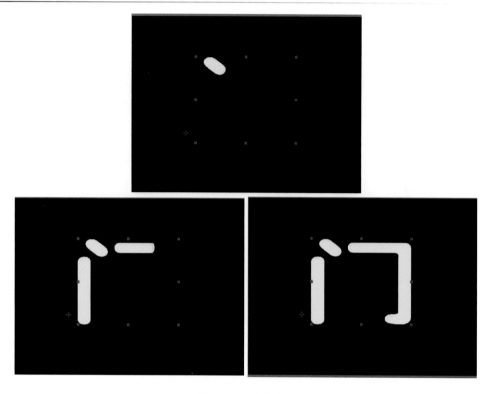

图 8 - 10　最终效果

8.2　三维灯光效果

技术分析

本例使用 From(形态)特效制作 DNA 旋转,利用摄像机运动路径制作三维效果。

本例知识点

From(形态)滤镜是基于网格的三维粒子系统,所产生的粒子是永生的,并且可以通过各种不同的贴图、力场来使粒子发生改变,From(形态)滤镜常用来制作几何样式、复杂的三维结构的动画。

8.2.1　制作基本 DNA

步骤 1:新建一个合成,命名为"三维 DNA",Width(宽)为 720px,Height(高)为 576px,Pixel Aspect Ratio 为 D1/DV PAL(1.09),Duration(持续时间)为 5 s,Frame Rate(帧速率)为 25,如图 8 - 11 所示。

步骤 2:在时间线面板中新建一个和合成大小相同的固态层,然后为新建的固态层添加 Trapcode|Form(形态)特效,具体参数设置如图 8 - 12 所示。

步骤 3:前面已经设置好立志网格的基本形态,下面需要再创建一个合成来控制粒子大小。新建一个合成,取名"形状",Width(宽)为 680px,Height(高)为 300px,Duration(持续时间)为 5 s,Frame Rate(帧速率)为 25,如图 8 - 13 所示。

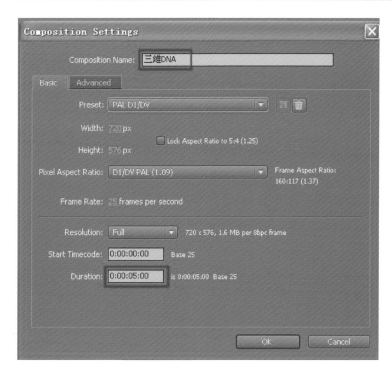

图 8 - 11 新建合成

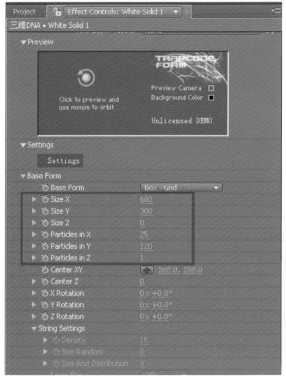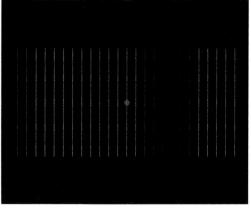

图 8 - 12 Form(形态)特效参数设置及效果

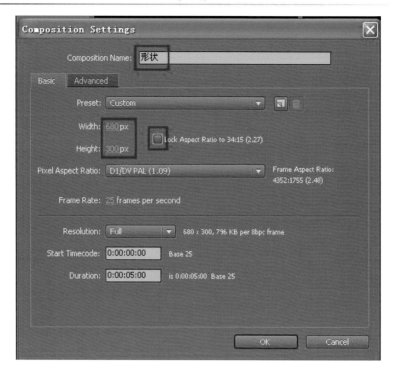

图 8-13　新建"形状"合成

步骤 4：在新建的"形状"合成中，新建一个和合成大小相同的固态层，并为其添加 Generate│Ramp（渐变）特效，具体参数设置如图 8-14 所示。

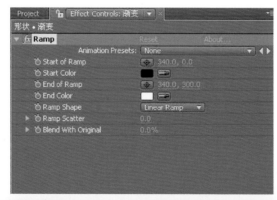

图 8-14　Ramp（渐变）特效特效设计参数和效果

步骤 5：为固态层继续添加 Color Correction | Colorama(色彩映射)特效，白色(R：255，G：255，B：255)，灰色(R：100，G：100，B：100)，具体参数如图 8 - 15 所示。

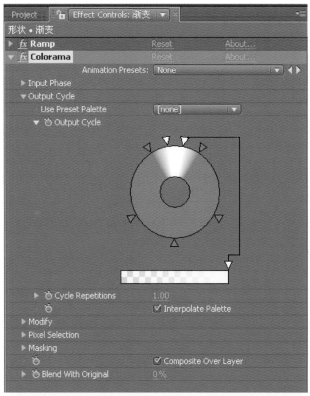

图 8 - 15　Colorama(色彩映射)特效参数设置和效果

步骤 6：调整好以后，打开"三维 DNA"合成，把"形状"合成拖入其中，并关闭"形状"合成的显示开关，然后选择固态层，打开 Form(形态)特效，展开 Particle(粒子)选项组，其中 Color 的具体参数(R：31，G：141，B：186)，利用"形状"合成来设置它的形状，其他具体参数设置如图 8 - 16 所示。

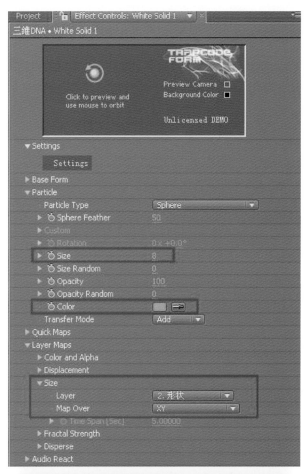

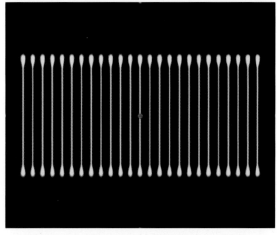

图 8 - 16　Form(形态)特效参数设计和效果

步骤 7：展开 Disperse&Twist（分散和扭曲）选项组，然后设置 Twist（扭曲）为 10，展开 Visibility（可视性）选项组，具体设置如图 8-17 所示。

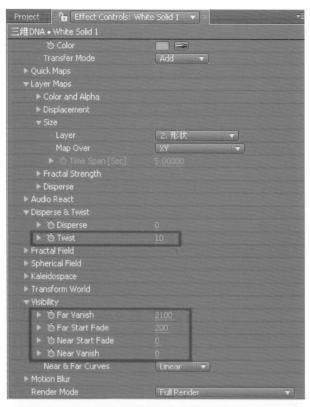

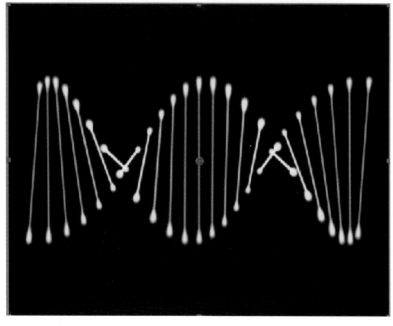

图 8-17　设置 Disperse&Twist（分散和扭曲）参数和效果

步骤 8：在 Project(项目)窗口中选择"形状"合成,复制形状合成命名为"形状 2",然后双击"形状 2"合成,进入时间线面板中,选择"形状 2"合成中的固态层,修改该固态层的 Colorama(色彩映射)特效的渐变参数,白色(R:255,G:255,B:255),灰色(R:50,G:50,B:50),如图 8－18 所示。

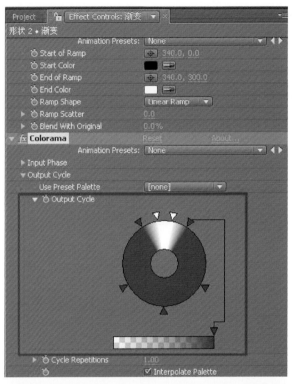

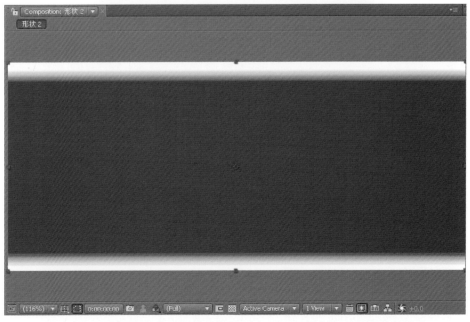

图 8－18　修改形状 2 合成中的固态层 Colorama(色彩映射)特效参数及效果

　　步骤 9：调整好以后，在 Project(项目)窗口中，把"形状 2"合成拖入"三维 DNA"合成中，并关闭"形状 2"合成的显示开关。然后选择固态层，展开 Form(形态)特效的 Layer Maps(图层映射)选项组，具体参数设置如图 8 - 19 所示。

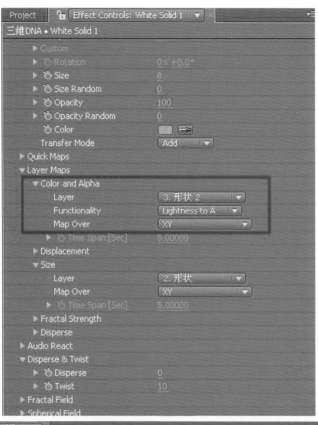

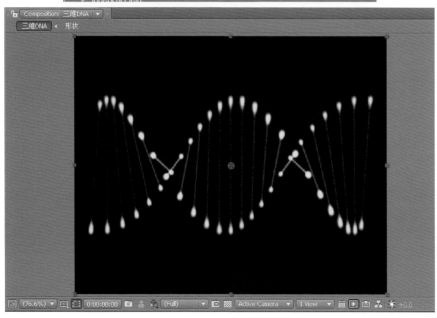

图 8 - 19　设置 Layer Maps(图层映射)选项组参数及效果

步骤 10：为该固态层添加一个 Stylize|Glow(辉光)特效，具体设置如图 8 - 20 所示。

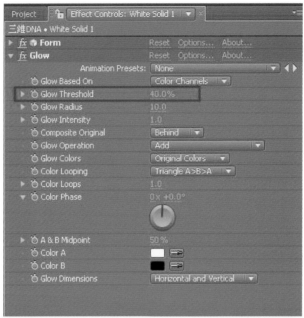

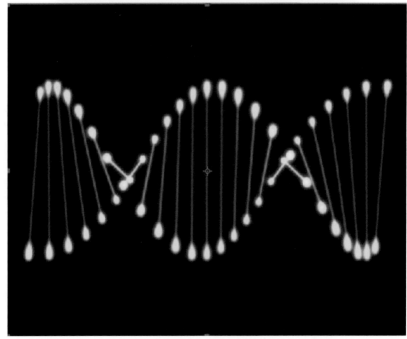

图 8 - 20　设置 Glow(辉光)特效参数及效果

步骤 11：为了让 DNA 旋转起来，打开 Form 特效，展开 Base Form(基础形态)选项组下的 X Rotation(X 旋转)属性，把时间调整到 0:00:00:00 处，确定 X Rotation(X 旋转)的数值为 0×＋0，打开关键帧按钮。调整时间到 0:00:04:24 处，修改 X Rotation(X 旋转)的数值为 2×＋0，如图 8 - 21 所示。

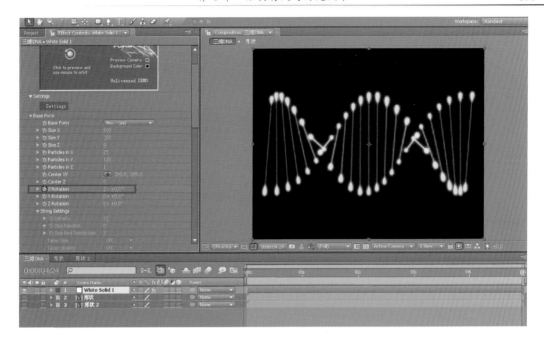

图 8 - 21　设置 Base Form(基础形态)参数调整三维形状

8.2.2　制作三维 DNA

步骤 1：基本 DNA 制作完成后，添加一个摄像机，如图 8 - 22 所示。

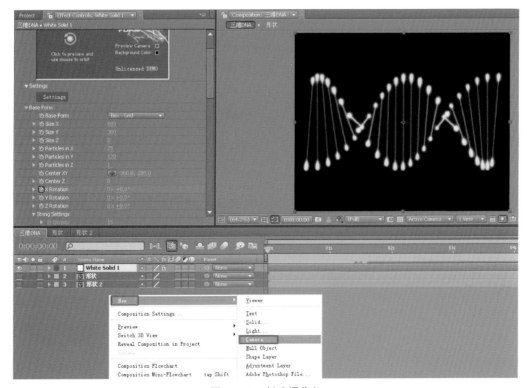

图 8 - 22　新建摄像机

步骤 2：选择摄像机，展开基本参数。调整时间到 0：00：00：00 处，修改 Point of Interest 的值为(189.3,286.7,−1.6)，Postion 的值为(−110.7,284.5,−4.4)，并打开它们的关键帧按钮。调整时间到 0：00：04：24 处，修改 Point of Interest 的值为(531.4,285.5,33.9)，Position 的值为(728.1,208.2,−201.5)，如图 8 − 23(a)、(b)所示。

(a) 0:00:00:00处摄像机中心点和位置参数设置及效果

 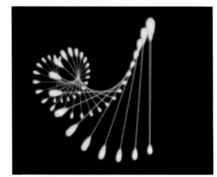

(b) 0:00:04:24处摄像机中心点和位置参数设置及效果

图 8 − 23　摄像机中心点和位置参数设置及效果

步骤 3：制作背景层，新建一个固态层，命名"背景"，放在最底层。然后为其添加 Generate|Ramp(渐变)特效，展开 Ramp 特效，修改 Ramp Shape 为 Radial Ramp 模式，设置 Start of Ramp 为(360,286.4)，Start Color 的 RGB 为(46,79,123)，End of Ramp 为(−31.1,288)，End Color 的 RGB 为(0,0,0)，如图 8 − 24 所示。

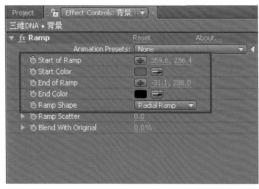 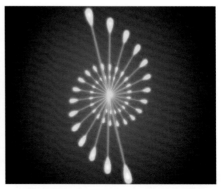

图 8 − 24　设置背景渐变特效参数及效果

步骤 4：选择第一个固态层，打开它的运动模糊开关，如图 8 - 25 所示。

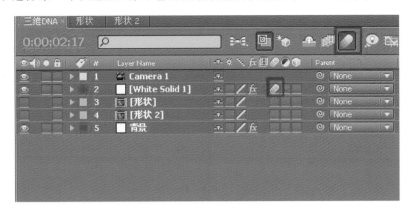

图 8 - 25 打开固态层的运动模糊开关

步骤 5：整个三维 DNA 动画制作完成，预览效果，如图 8 - 26 所示。

图 8 - 26 最终效果

8.3　激光游动

技术分析

本例主要是利用 Vegas 特效来制作激光游动的效果,利用 Motion Sketch 进行运动轨迹的动画以及最后 Turbulent Displace 特效的应用使画面更加完善和有动感。

本例知识点

使用 Motion Stetch 特效来制作轨迹动画,使用 Vegas 特效实现光效的游动,用 Glow 特效丰富光效,最后用 Turbulent Displace 特效扭曲变形光效。

8.3.1　制作激光路径

步骤 1:新建一个合成,命名为"激光游动",Width(宽)为 720px,Height(高)为 576px,Pixel Aspect Ratio 为 D1/DV PAL(1.09),Duration(持续时间)为 5 s,Frame Rate(帧速率)为25,如图 8 - 27 所示。

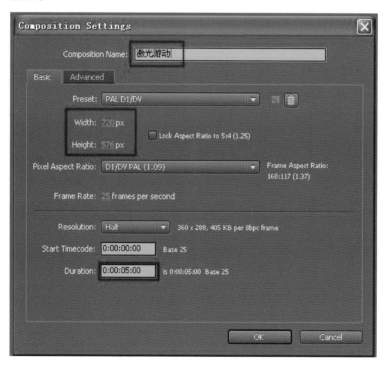

图 8 - 27　新建"激光游动"合成

步骤 2:在建好的"激光游动"合成中新建一个固态层"色块",参数设置如图 8 - 28 所示。

步骤 3:选择"色块"固态层,按 S 键展开它的 Scale 属性,并设置其值为 15,如图 8 - 29 所示。

步骤 4:选择 Window/Motion Sketch 菜单命令,调出 Motion Sketch 设置面板。选择"色块"固态层,单击 Motion Sketch 面板中的 Start Capture 按钮,如图 8 - 30 所示。

步骤 5:单击 Start Capture 按钮后,在合成面板中的鼠标会变成十字形状,然后在画面中随意移动,可以看到方块也会移动,停止移动后在画面中可以看到刚才拖动的轨迹,如图 8 - 31 所示。

图 8 - 28 新建"色块"固态层

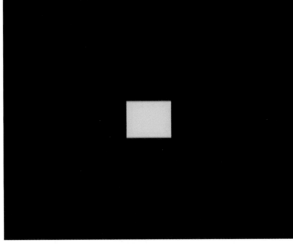

图 8 - 29 修改"色块"的大小值及效果

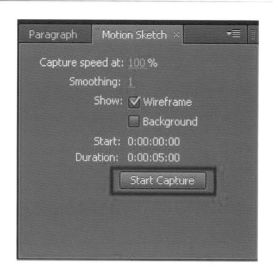

图8-30　开始记录路径动画

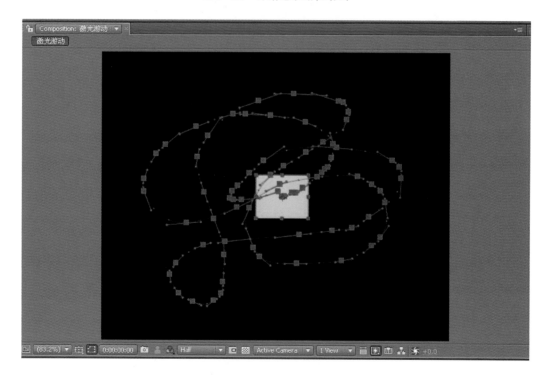

图8-31　移动后自动记录的路径

步骤6：在时间线面板中，可以看到方块固态层多了很多关键帧，但过于复杂。接下来利用 The Smoother 面板的功能来精简关键帧，选择 Window/Smoother 菜单命令，调出 The Smoother 面板后，修改面板中 Tolerance 的值为2，并单击 Aplly 按钮，如图8-32所示。

步骤7：继续新建一个合成并命名为"激光1"，如图8-33所示。

步骤8：在"激光1"合成中，新建一个黑色固态层。选择新建的固态层，单击工具箱中的钢笔工具，在合成面板中任意一个位置创建一个 Mask 点，然后选择"激光游动"合成中"色块"

图 8 - 32　通过设置 Tolerance 的值来精简关键帧数量

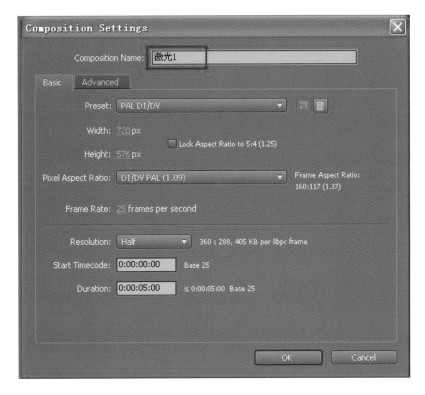

图 8 - 33　新建"激光 1"合成

固态层,把"色块"固态层里的关键帧,全部复制,继续选择"激光 1"合成中的新建黑色固态层,按下 Ctrl＋V 键粘贴。可以发现,在"激光游动"合成中的轨迹关键帧移动到了"激光 1"合成中,并在这里转化成了 Mask,如图 8 - 34 所示。

　　步骤 9:选择"激光 1"合成中的固态层,为其添加 Effect/Generate/Vegas 特效,在特效面板中对其参数进行设置,注意将 Stroke 设置为 Mask/Path,并选择 Path 为 Mask1,确定时间为 0:00:00:00 处,调整 Rotation 的值为 0x－130,打开它的关键帧按钮,具体参数设置如图 8 - 35 所示。

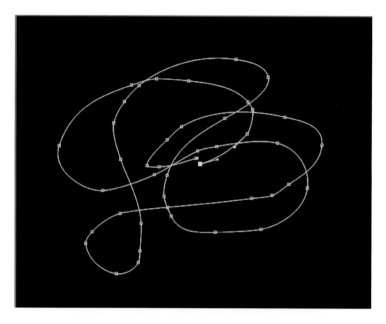

图 8 - 34　复制关键帧到新建的黑色固态层

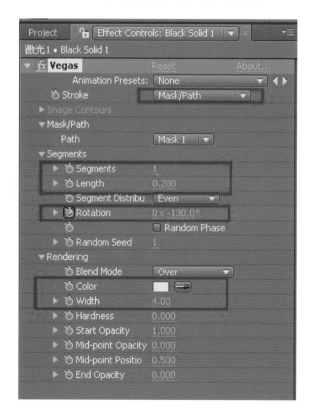

图 8 - 35　设置 Vegas 特效参数

步骤 10：调整时间到 0：00：05：00 处，修改 Rotation 的值为 -336，如图 8 - 36 所示。

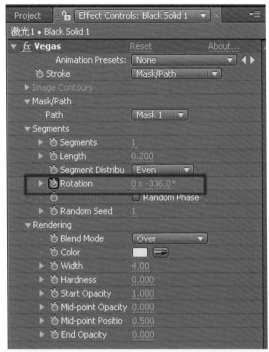

图 8 - 36　设置 Rotation 的关键帧动画

8.3.2　制作激光合成

步骤 1：预览动画，可以看到线条沿着 Mask 路径轨迹移动。在项目面板中，选择"激光 1"合成，按快捷键 Ctrl＋D 键复制出的合成"激光 2"，并打开进入"激光 2"合成中，选择黑色固态层，修改其 Vegas 特效的值，如图 8 - 37 所示。

步骤 2：再新建一个合成并命名"激光合成"，然后将"激光 1"、"激光 2"两个合成拖入该合成中，并修改"激光 2"的 Mode 模式为 Add，如图 8 - 38 所示。

步骤 3：选择"激光 1"合成，为其添加 Effect/Stylize/Glow 特效，然后设置 Glow 的明度、颜色、强度、半径等参数，如图 8 - 39 所示。

步骤 4：选择"激光 2"，也为其添加 Effect/Stylize/Glow 特效，具体参数设置如图 8 - 40 所示。

步骤 5：在项目面板中，复制合成"激光合成"两次，出现"激光合成 2"、"激光合成 3"，如图 3 - 41 所示。

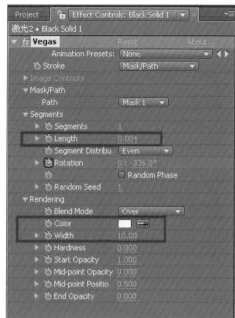

图 8 - 37　复制出"激光 2"合成并修改黑色固态层特效参数

图 8 - 38　新建"激光合成"并拖入"激光 1"和"激光 2"

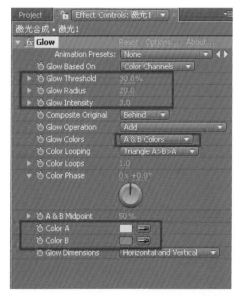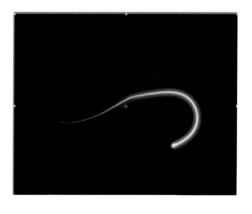

图 8 - 39　设置 Glow 特效参数及效果

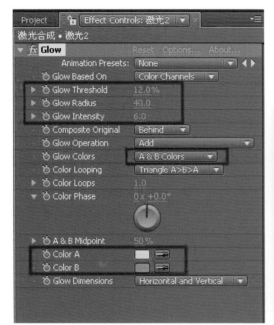
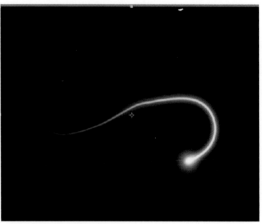

图 8 - 40　设置 Glow 特效参数及效果

图 8 - 41　复制新合成"激光合成 2"、"激光合成 3"

　　步骤 6：打开"激光合成 2"，修改其中的"激光 1"的 Glow 特效参数，具体设置如图 8 - 42 所示。

　　步骤 7：打开"激光合成 3"，修改"激光 1"的 Glow 特效参数，具体设置如图 8 - 43 所示。

　　步骤 8：新建一个合成命名为"总合成"，并把"激光合成"、"激光合成 2"、"就光合成 3"拖入其中，并修改"激光合成"、"激光合成 2"的 Mode 模式为 Add，如图 8 - 44 所示。

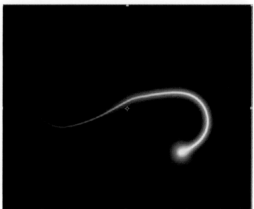

图 8 - 42　修改 Glow 特效参数及效果

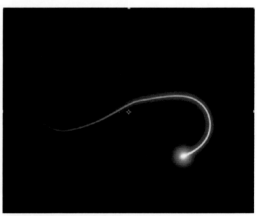

图 8 - 43　修改 Glow 特效参数及效果

　　步骤 9：选择"激光合成"，为其添加 Effect/Distor/Turbulent Displace 特效具体参数设置如图 8-45 所示。

　　步骤 10：选择"激光合成 2"，为其添加 Effect/Distor/Turbulent Displace 特效具体参数设置如图 8-46 所示。

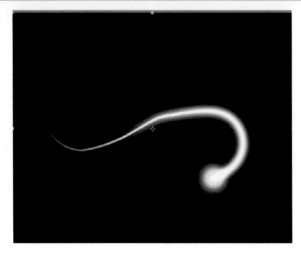

图 8－44　新建"总合成"并拖入"激光合成"、"激光合成 2"、"就光合成 3"

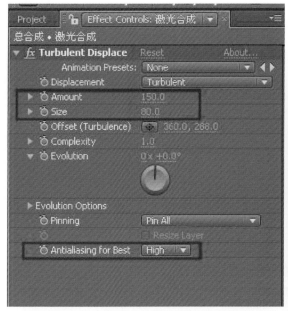

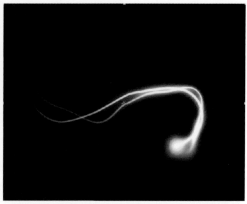

图 8 - 45　设置"激光合成"的 Turbulent Displace 特效参数及效果

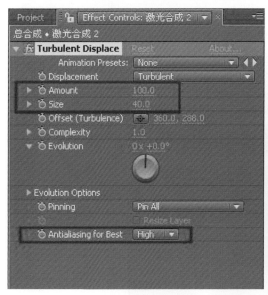

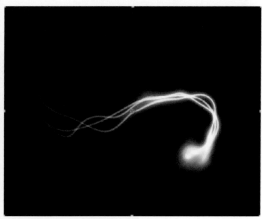

图 8 - 46　设置"激光合成 2"的 Turbulent Displace 特效参数及效果

　　步骤 11：当修改完以后，可以预览动画。这时，可以再为其添加一个背景，新建一个固态层，放在最底层，为其添加 Effect/Generate/Ramp 特效，具体参数设置如图 8 - 47 所示。

　　步骤 12：预览激光游动的整体效果，如图 8 - 48 所示。

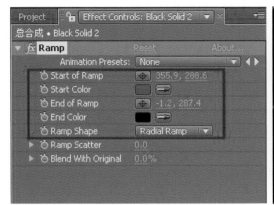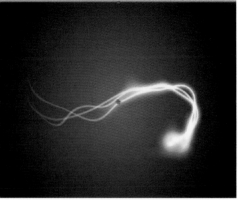

图 8 - 47 设置背景渐变

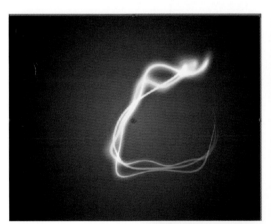

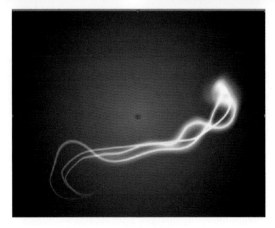

图 8 - 48 最终效果

8.4　融化 LOGO 动画

技术分析

本例学习使用 Fractal Noise(分形噪波)滤镜制作融化材质,再使用 Displacement Map(置换贴图)特效制作融化 LOGO 动画。

本例知识点

学习使用 Fractal Noise(分形噪波)滤镜制作融化材质,使用 Displacement Map(置换映射)滤镜制作融化 LOGO 动画。

8.4.1　制作融化波纹

步骤 1:打开软件,在项目面板中导入本例配套的 LOGO. psd 图案合成,如图 8-49 所示。

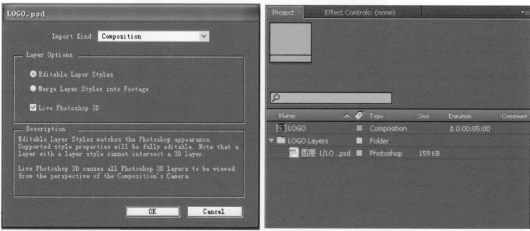

图 8-49　导入 PSD 素材并自动新建 LOGO 合成

步骤 2：新建一个合成，命名为"波纹"，Width（宽）为 720px，Height（高）为 576px，Pixel Aspect Ratio 为 D1/DV PAL（1.09），Duration（持续时间）为 5 s，Frame Rate（帧速率）为 25。如图 8 - 50 所示。

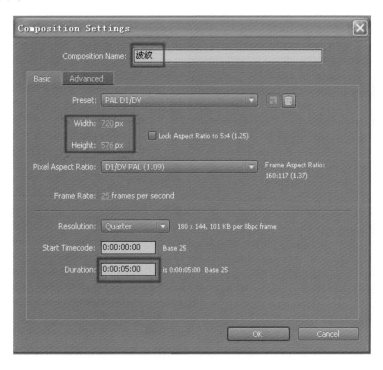

图 8 - 50　新建"波纹"合成

步骤 3：在"波纹"合成中新建一个固态层"波纹 1"固态层，如图 8 - 51 所示。

图 8 - 51　新建"波纹 1"固态层

步骤 4：为"波纹 1"固态层添加一个 Niose & Grain/ Fractal Noise(分形噪波)，接着设置其参数。确定时间为 0：00：00：00 处，设置 Offset Turbulence(絮乱偏移)关键帧数值为(900，288)，Evolution(演变)的关键帧值为(2 * +0°)，其他具体参数设置如图 8 - 52 所示。

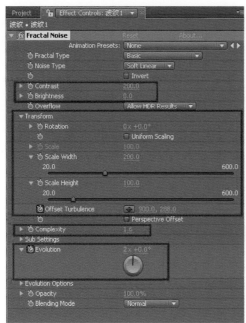
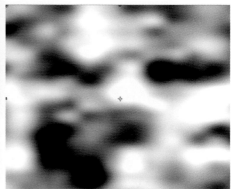

图 8 - 52　设置 Fractal Noise(分形噪波)参数及效果

步骤 5：调整时间到 0：00：02：00 处，设置 Offset Turbulence(絮乱偏移)关键帧数值为(600，288)，Evolution(演变)的关键帧值为(0 * +358°)，如图 8 - 53 所示。

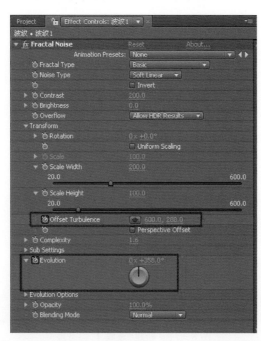

图 8 - 53　设置 Offset Turbulence(絮乱偏移)、Evolution(演变)的关键帧值及效果

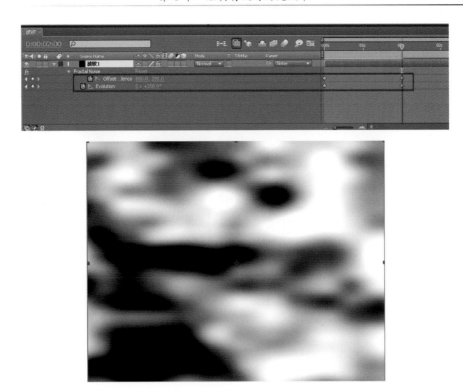

图 8 - 53　设置 Offset Turbulence(絮乱偏移)、Evolution(演变)的关键帧值及效果(续)

步骤 6：为"波纹 1"固态层添加 Color Correction/Leves(级别)特效，具体参数设置如图 8 - 54 所示。

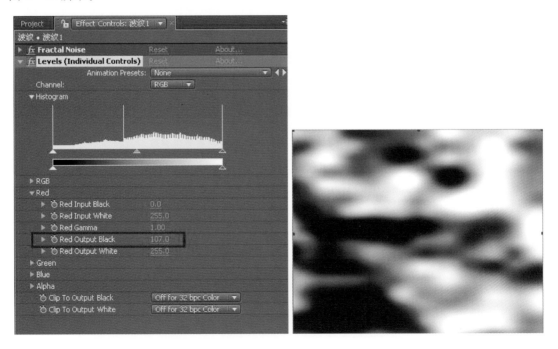

图 8 - 54　设置 Leves(级别)特效参数及效果

步骤 7：继续为"波纹 1"固态层添加 Color Correction/Curves（曲线）特效，具体参数设置如图 8-55 所示。

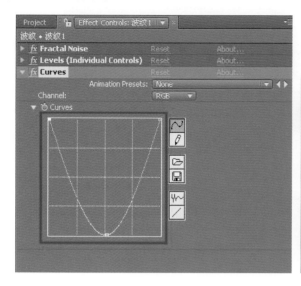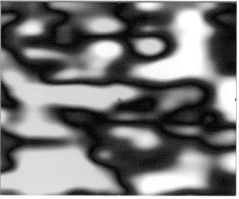

图 8-55　设置 Curves（曲线）特效参数及效果

步骤 8：为"波纹 1"固态层制作一个椭圆形的遮罩，然后设置 Mask Feather（遮罩羽化）的值为 200，如图 8-56 所示。

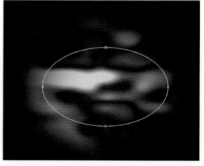

图 8-56　绘制"波纹 1"固态层遮罩并设置羽化参数

步骤 9：在项目面板中，复制"波纹"合成，出现"波纹 2"合成。然后打开"波纹 2"合成，选择该层的固态层，删除该固态层的 Curves（曲线）特效，接着新建一个灰色的固态层，并将其放在最底层，如图 8-57 所示。

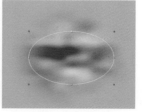

图 8-57　复制出"波纹 2"合成，修改波纹 1 特效并添加灰色固态层

图 8 - 57 复制出"波纹 2"合成,修改波纹 1 特效并添加灰色固态层(续)

8.4.2 制作融化 LOGO 动画

步骤 1:新建一个合成,命名为"融化 LOGO 动画",Width(宽)为 720px,Height(高)为 576px,Pixel Aspect Ratio 为 D1/DV PAL(1.09),Duration(持续时间)为 5 s,Frame Rate(帧速率)为 25,如图 8 - 58 所示。

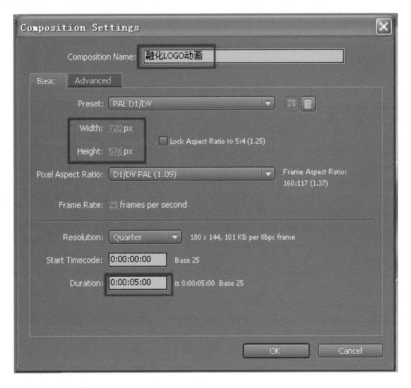

图 8 - 58 新建"融化 LOGO 动画"合成

步骤 2:把 LOGO 图层、"波纹"合成、"波纹 2"合成拖入"融化 LOGO 动画"合成中,并按次序排列,关闭"波纹"、"波纹 2"的显示开关,如图 8 - 59 所示。

步骤 3:为 LOGO 图层添加 Blur&Sharpen(复合模糊)特效,然后设置 Blur Layer(模糊图层)为"波纹 2",确定时间在 0:00:01:00 处,设置 Maximum Blur(最大模糊)的值为 100,调

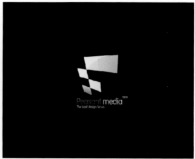

图 8 - 59　按序列排列及效果

整时间到 0:00:04:00 处,修改 Maximum Blur(最大模糊)的值为 0,如图 8 - 60 所示。

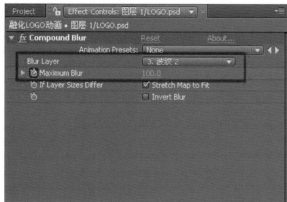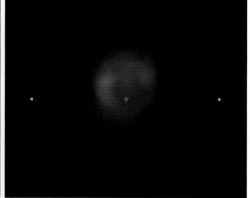

(a) 1 s处,设置Maximum Blur(最大模糊)值及效果

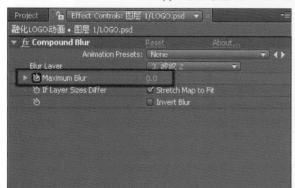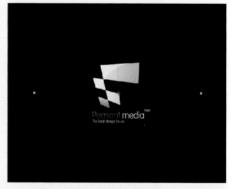

(b) 4 s处,设置Maximum Blur(最大模糊)值及效果

图 8 - 60　设置 Maximum Blur(最大模糊)值及效果(续)

步骤 4：为 LOGO 图层添加一个 Distort/Displacement Map（置换映射）滤镜，然后设置 Displacement Map Layer（置换映射图层）为"波纹"。确实时间为 0:00:00:00 处，设置 Max Horizontal Displacement（最大水平置换）为－400，调整时间到 0:00:01:00 处，设置 Max Horizontal Displacement（最大水平置换）为－200，Max Vertical Displacement（最大垂直置换）为 200，调整时间到 0:00:04:00 处，设置 Max Horizontal Displacement（最大水平置换）为 0，Max Vertical Displacement（最大垂直置换）为 0，如图 8－61 所示。

(a) 0 s 处，设置Max Horizontal Displacement
（最大水平置换）的值

(b) 1 s 处，设置Max Horizontal Displacement
（最大水平置换）、Max Vertical Displacement
（最大垂直置换）的值

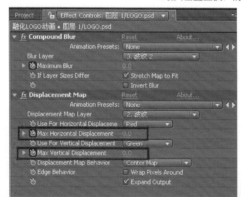

(c) 4 s处，设置Max Horizontal Displacement(最大水平置换)、Max Vertical Displacement(最大垂直置换)的值

图 8－61　设置 Max Horizontal Displacement（最大水平置换）、
Max Vertical Displacement（最大垂直置换）的值及效果

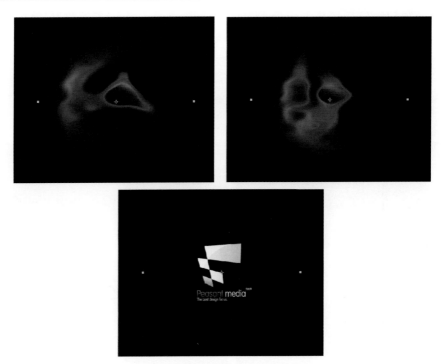

(d) 关键帧动画设置后的效果

图 8 - 61　设置 Max Horizontal Displacement(最大水平置换)、
Max Vertical Displacement(最大垂直置换)的值及效果(续)

步骤 5：为 LOGO 层添加一个 Glow(辉光)特效，具体参数设置如图 8 - 62 所示。

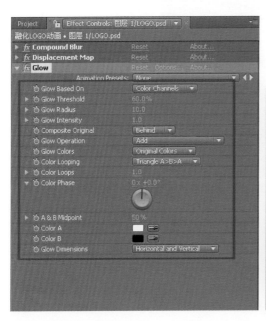

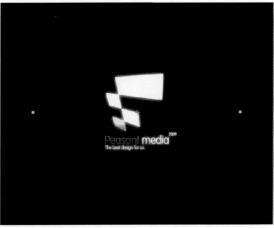

图 8 - 62　设置 Glow(辉光)特效参数

步骤 6：为合成添加一个背景。新建一个固态层，把新的固态层放在最底层，并为其添加 Generate/Ramp(渐变)特效，参数设置如图 8 - 63 所示。

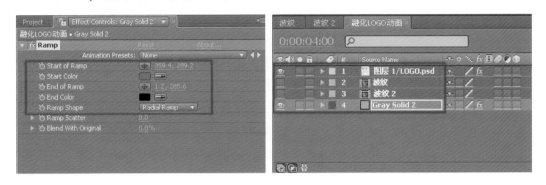

图 8 - 63　设置背景层渐变

步骤 7：预览整体融化 LOGO 特效动画，如图 8 - 64 所示。

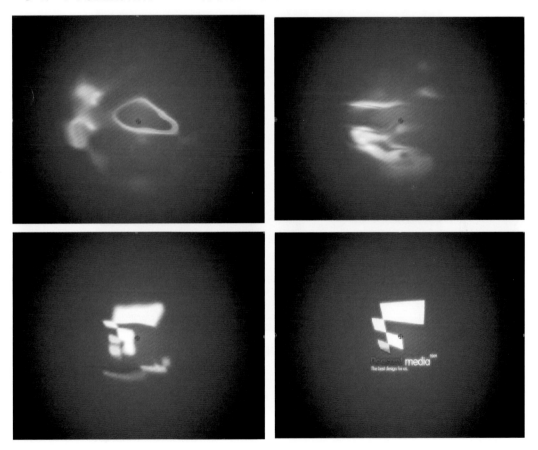

图 8 - 64　最终效果

8.5　水墨画

技术分析

本例通过调整图片大小，位置移动，添加一个查找边缘特效，对它的色阶、色调、饱和度进行调整，然后复制图层再适当调整，整合两个图层形成水墨效果。

本例知识点

对图像添加 Find Edges 特效，查找其边缘，利用 Hue/Saturation 和 Levels 特效调整起亮度对比度，再使用 Gaussian Blur 达到水墨晕染效果，图层叠加效果强化水墨质感。

步骤 1：新建一个合成，命名为"comp1"，Width（宽）为 720px，Height（高）为 576px，Pixel Aspect Ratio 为 D1/DV PAL（1.09），Duration（持续时间）为 5 s，Frame Rate（帧速率）为 25，如图 8－65 所示。

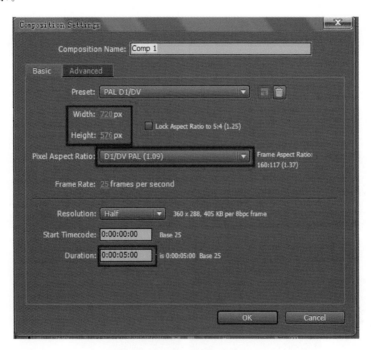

图 8－65　新建合成"comp1"

步骤 2：导入该项目素材"山水画"，把它放入时间线面板，修改它的 Scale（大小）的值为 16，Position（位置）为（505,288）。把时间调到 0:00:00:09 处，打开 Position（位置）的关键帧按钮，建立好关键帧后，调整时间到 0:00:03:00 处，修改 Position（位置）为（218,288），如图 8－66 所示。

步骤 3：为"山水画"添加 Stylize/Find Edges（查找边缘），设置 Blend With Original 为 27%，如图 8－67 所示。

步骤 4：水墨画一般多为黑白效果，这就需要为其调整色调和饱和度，改变其颜色，添加 Color Correction/Hue/Saturation，设置 Master Saturation 主要的饱和度为－100，如图 8－68 所示。

图 8 - 66　设置位置关键帧动画

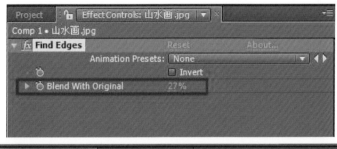

图 8 - 67　设置 Find Edges(查找边缘)的参数及效果

图 8 - 68　设置 Hue/Saturation 特效参数及效果

　　步骤 5：为了图片的颜色层次再分明一点，需要继续为其添加 Color Correction/Levels（色阶），设置 Input Black 为 72，Input White 为 230，如图 8 - 69 所示。

　　步骤 6：为了达到水墨画的晕染感，为其添加 Blur&Sharpen/Gaussian Blur（高斯模糊），设置 Blurriness（模糊效应）为 12，如图 8 - 70 所示。

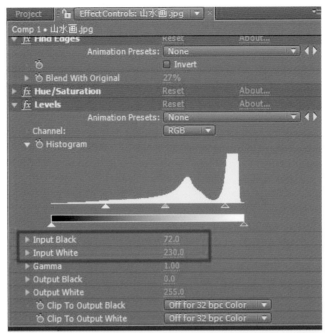

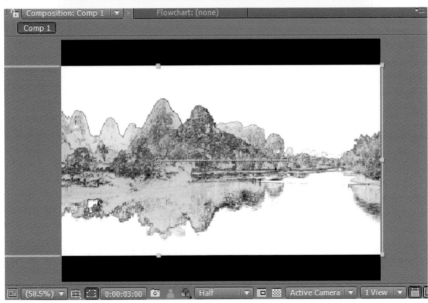

图 8 - 69　设置 Levels(色阶)特效参数及效果

步骤 7：复制"山水画"层,取名"山水画 2",并放在顶端,如图 8 - 71 所示。

步骤 8：对"山水层 2"里的特效参数作些修改,先修改 Find Edges(查找边缘)特效,修改 Blend With Original 为 8%,如图 8 - 72 所示。

步骤 9：修改"山水层 2"Levels(色阶)特效,修改 Input Black 为 0,Input White 为 215, Gamma 为 0.35,如图 8 - 73 所示。

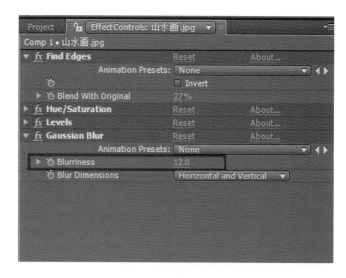

图 8 - 70　设置模糊效果

图 8 - 71　复制出山水画 2

图 8 - 72　修改 Find Edges(查找边缘)特效参数

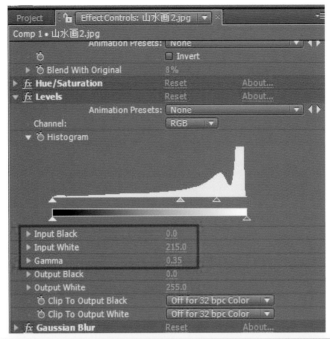

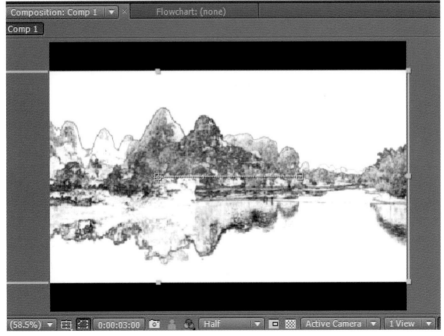

图 8 - 73　修改 Levels(色阶)特效参数及效果

步骤 10：选择"山水画 2"层的 Gaussian Blur(高斯模糊)特效，修改 Blurriness 模糊效应为 2，如图 8 - 74 所示。

步骤 11：调整好"水墨画"、"水墨画 2"图层顺序后，需要修改"山水画 2"时间线面板上 Mode 里 Normal(正常叠加)模式，将其改为 Overlay(叠加)模式，如图 8 - 75 所示。

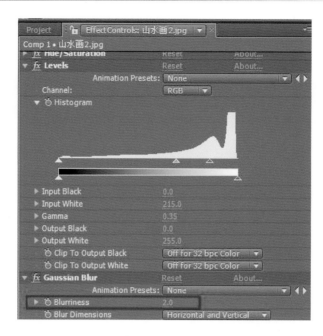

图 8 - 74　设置 Gaussian Blur(高斯模糊)特效参数

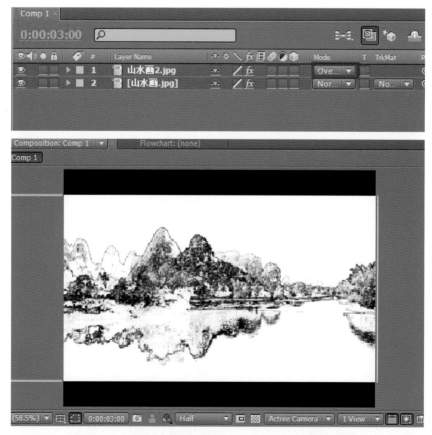

图 8 - 75　修改"水墨画 2"的 Mode 为 Overlay(叠加)模式

步骤 12：此时，看到图片效果感觉太僵了一点，需要调整每个层的透明度，以改善其效果，分别设置"山水画"的 Opacity（透明度）的值为 50，"山水画 2" Opacity（透明度）的值为 80，如图 8-76 所示。

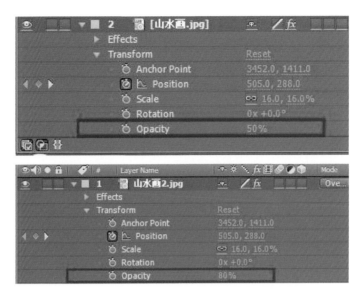

图 8-76　设置透明度动画

步骤 13：制作完成，预览水墨动画效果，如图 8-77 所示。

图 8-77　最终效果

8.6 梦幻星光

技术分析

本例使用 Particle Word 特效和 Starglow 特效制作星光横向飞行的感觉。

本例知识点

学习 Particle Word 特效制作自由粒子，设置粒子形态，喷射的位置、数量等参数，配合 Starglow 特效制造亮光形态和颜色，利用 Glow 特效提高光效。

步骤 1：新建一个合成，命名为"梦幻星光"，Width（宽）为 720px，Height（高）为 576px，Pixel Aspect Ratio 为 D1/DV PAL（1.09），Duration（持续时间）为 5 s，Frame Rate（帧速率）为 25，如图 8 - 78 所示。

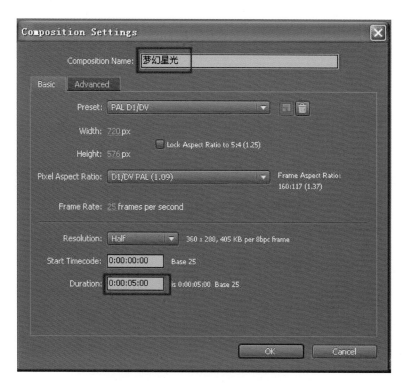

图 8 - 78 新建"梦幻星光"合成

步骤 2：在新建的"梦幻星光"合成中新建一个黑色固态层，命名为"星光"，为该"星光"固态层添加 Simulation/Particle Word 特效，具体参数设置如图 8 - 79 所示。

步骤 3：为"星光"层添加 Trapcode/Starglow（星光）特效，具体参数设置如图 8 - 80 所示。

步骤 4：调整 Starglow（星光）特效的参数，展开 Individual Lengths（个别长度）、Individula Color（个别颜色）、Colormap A（颜色映射 A）选项组，具体参数设置如图 8 - 81 所示。

步骤 5：为了增强星光效果，再为"星光"固态层添加 Stylize/Glow（辉光）特效，具体参数设置如图 8 - 82 所示。

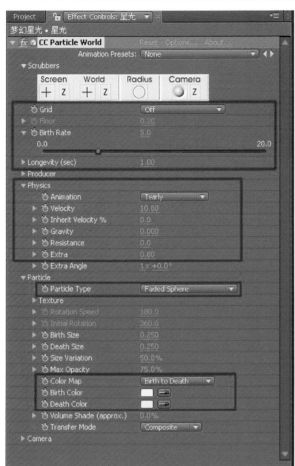

图 8 - 79   设置 Particle Word 特效参数及效果

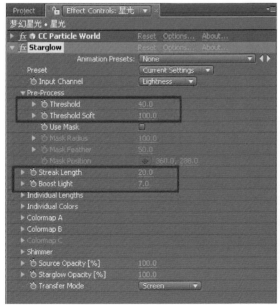

图 8 - 80   设置 Starglow(星光)特效及效果

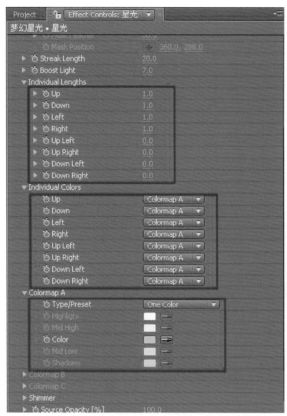

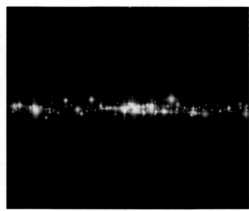

图 8-81　继续设置 Starglow(星光)特效参数及效果

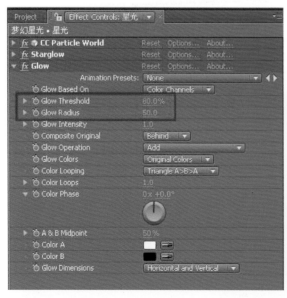

图 8-82　设置 Glow(辉光)特效参数及效果

　　步骤 6：选择项目面板,添加本例素材"背景",导入"背景"素材以后,把它拖入"梦幻星光"

合成中,并放在最底层,调整它的大小,如图8-83所示。

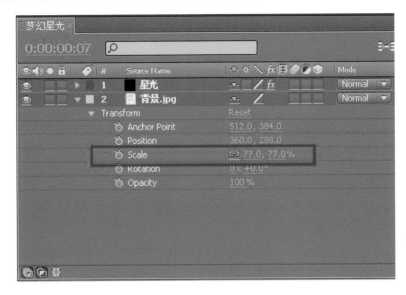

图8-83 导入素材"背景"

步骤7:浏览整个梦幻星光动画,如图8-84所示。

图8-84 最终效果

第9章　综合实例

技术分析

本例主要运用导入分层素材，通过位置和缩放参数的个性，制作出基本动画，通过运用灯光工厂、置换贴图、4色渐变等特效插件完善画面。最后制作文字动画，综合运用所学知识要点制作出中国文化特色的片头。

9.1　动画熊猫游记片头

步骤1：打开 After Effcets CS4 软件。进入软件后新建一个合成，命名为"熊猫动画"，Width（宽）为1920px，Height（高）为1080px，Pixel Aspect Ratio 为 D1/DV PAL（1.09），Duration（持续时间）为18 s，Frame Rate（帧速率）为25，如图9-1所示。

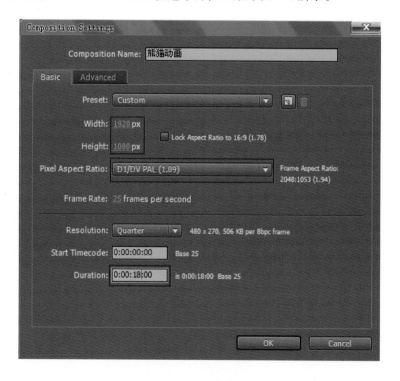

图9-1　新建合成

步骤2：打开素材包里的序列帧文件夹，导入熊猫动画序列帧，选择 PNG Sequence（PNG序列），如图9-2所示。

图 9 - 2　导入素材

导入素材后,把"片头"素材拖入"熊猫动画"合成中。通过观察发现,"片头"素材持续时间很短,但素材是循环动画,可以通过复制来使动画的时间变长,如图 9 - 3 所示。

图 9 - 3　循环动画

步骤 3:新建一个合成,命名"水墨熊猫",Width(宽)为 1920px,Height(高)为 1080px,Pixel Aspect Ratio 为 D1/DV PAL(1.09),Duration(持续时间)为 17s 17 帧,Frame Rate(帧速率)为 25。

打开 Import File(导入文件)对话框,选择素材/片头 1. PSD 文件,打开后选择 Choose Layer/"图层 6",点"OK"按钮,如图 9 - 4 所示。

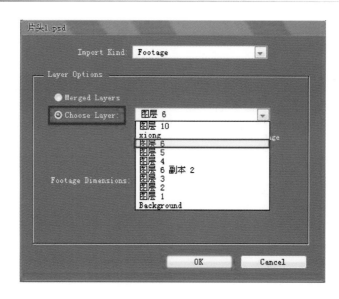

图 9 - 4　导入 PSD 文件

步骤 4：把熊猫动画合成和图层 6 素材拖入水墨熊猫合成中，然后新建白色固态层，放入底层，便于观察熊猫动画的水墨效果。选择"熊猫动画"，修改 Position（位置）为（1342，573），Scale（大小）为（13，13），如图 9 - 5 所示。

图 9 - 5　调整重心位置和大小

再选择"图层 6"，修改 Anchor Point（中心点）为（1100，540），Position（位置）为（1278.6，564），Scale（大小）为（23.4，28.2），Rotation（旋转）为（0 ＊ －153°），如图 9 - 6 所示。

步骤 5：复制熊猫动画，取名熊猫动画 1，暂时关闭"熊猫动画 1"的可视。选择图层 6，设置它的 TrkMat 为 Alpha Matte"［熊猫动画］"，熊猫动画层就作为图层 6 的遮罩，如图 9 - 7 所示。

接着打开"熊猫动画 1"合成的可视性，选择钢笔工具，为它绘制遮罩，如图 9 - 8 所示，最后关闭背景白色固态层的可视性。

步骤 6：为了使水墨效果更佳，新建合成，命名"完善水墨"，Width（宽）为 1920px，Height（高）为 1080px，Pixel Aspect Ratio 为 D1/DV PAL（1.09），Duration（持续时间）为 17s 17 帧，Frame Rate（帧速率）为 25。

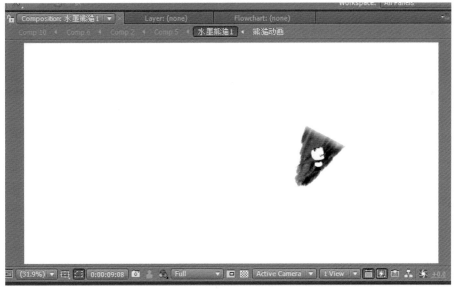

图 9-6　修改基本参数和效果

　　把"水墨熊猫1"合成拖入"完善水墨"合成中,再新建一个白色固态层,放在底部。复制"水墨熊猫",改名"水墨熊猫2",选择"水墨熊猫2",修改 Scale(大小)为(98,98),Position(位置)为(965.6,542.5),如图 9-9 所示。这样把缩小的"水墨熊猫2"放在"水墨熊猫"的中间。

　　然后选择"水墨熊猫1",为其添加 Color Correction/Hue/Saturation 特效,设置参数如图 9-10 所示。继续为"水墨熊猫1"添加 Blur&Sharpen/Caussian Blur 特效,设置 Blurriness 的值为1.8。

　　复制"水墨熊猫",取名"水墨熊猫3",放在顶层,然后删除"水墨熊猫3"里的 Caussian Blur(高斯模糊)特效。

　　选择"水墨动画2",为其添加 Gaussian Blur(高斯模糊),设置 Blurriness 的值为5.4。继续设置它的 TrkMat 为"Alpha Matte'水墨熊猫3'"。如图 9-11 所示,最后关闭背景白色固态层的可视性。

图 9 - 7　设置遮罩及效果

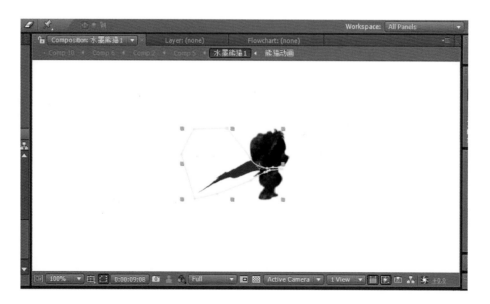

图 9 - 8　绘制遮罩显示红色披风

图 9 - 9 设置位置和大小

图 9 - 10 Saturation 特效设置参数

图 9 - 11 设置遮罩

9.2　制作飘动的云彩

步骤 1：制作飘动的云彩所用到的图层较多，利用每层移动的快慢和大小变化，做出拨开或进入云彩里的感觉。首先新建合成，命名"飘动的云彩"，Width（宽）为 1920px，Height（高）为 1080px，Pixel Aspect Ratio 为 D1/DV PAL（1.09），Duration（持续时间）为 25 s，Frame Rate（帧速率）为 25，如图 9-12 所示。

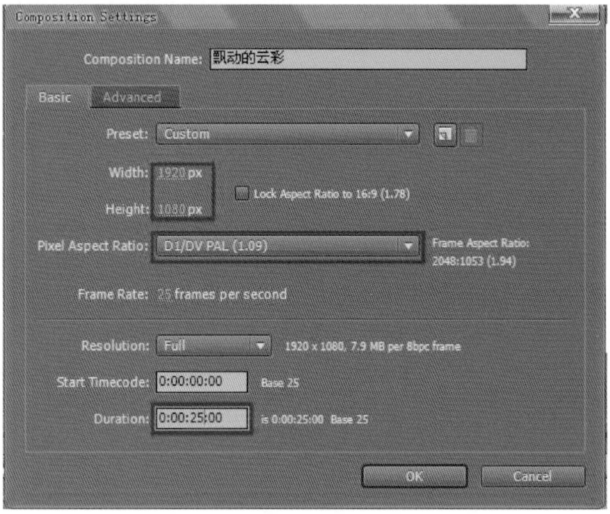

图 9-12　新建合成

打开 Import File（导入文件）对话框，选择"云"文件夹里的片头 yun. PSD 文件。以 Composition（合成）方式导入，如图 9-13 所示。导入后，素材文件里多了一个"片头 yun"的文件夹，里面有 PSD 文件里的所有图层。

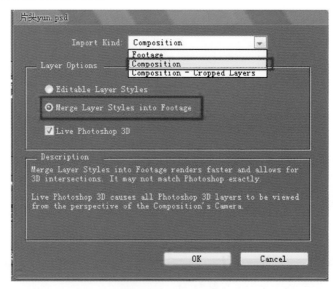

图 9-13　导入合成

　　继续把"片头 yun"文件夹里的 PSD 图层按序列放入"飘动的云彩"合成里，并全部打开它们的运动模糊开关，如图 9 - 14 所示。

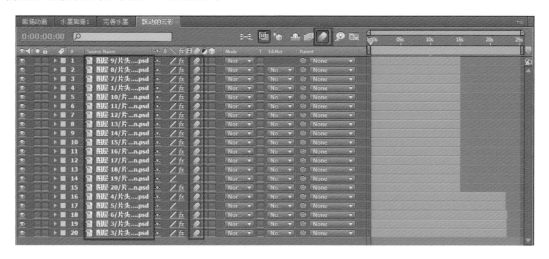

图 9 - 14　按图排列云彩序列

　　步骤 2：开始调节每个图层的放大与位移。除最上面的"图层 9"以外，其他图层的可视性全部关闭。把时间调到 0：00：00：12 处，对图层 9 的位置和大小开始设置关键帧动画，确认 Position（位置）的值为（960，540），Scale（大小）的值为（100，100），打开它们的关键帧开关。时间调整到 0：00：10：20 处，修改 Position（位置）的值为（3350，540），Scale（大小）的值为（196，196）。

　　云彩的移动和放大应该是由慢变快，那关键帧动画就有速度变化。选中 Position（位置）属性，打开时间线面板上的曲线编辑器 按钮，调节 Position（位置）的曲线如图 9 - 15 所示。

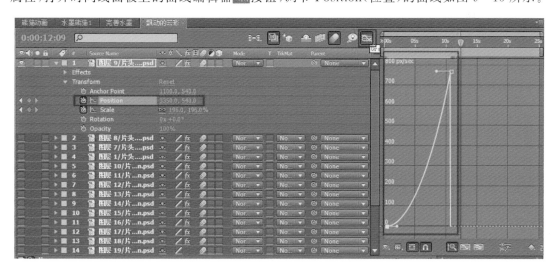

图 9 - 15　调整图层 9 的位置运动速度

　　继续选择该层 Scale（大小），调节曲线如图 9 - 16 所示。最后再为该层添加 Gaussian Blur（高斯模糊）特效，并设置 Blurriness 的值为 24.3。

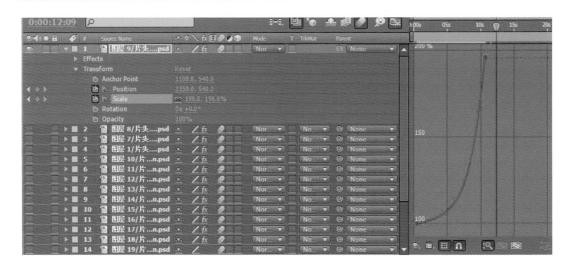

图 9 - 16　放大动画速度

　　步骤 3：一层层的调节云层的大小与位置。打开图层 8 的可视性，时间设定在 0：00：00：
00 处，确认 Position（位置）的值为（960，540），Scale（大小）的值为（100，100），分别打开它们的
关键帧按钮。调整时间到 0：00：09：03 处，调整 Scale（大小）为（195.9，195.9）；调整时间到
0：00：09：10 处，调整 Position（位置）的值为（—999，540），分别调整位置和大小两个属性曲线，
如图 9 - 17 和图 9 - 18 所示。最后再为该层添加 Gaussian Blur（高斯模糊）特效，Blurriness 的
值为 24.3。

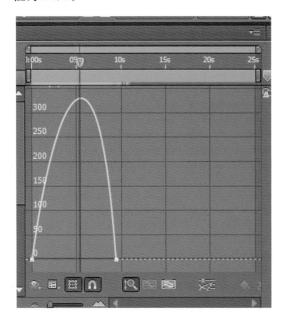

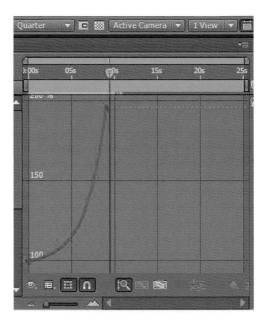

图 9 - 17　位置运动速度（一）　　　　　　　　　图 9 - 18　放大动画速度（一）

　　步骤 4：打开图层 7 的可视性，时间设定在 0：00：01：08 处，确认 Position（位置）的值为
（960，540），Scale（大小）的值为（100，100），分别打开它们的关键帧按钮。调整时间到 0：00：

04:17 处,调整 Position(位置)的值为(960,142),Scale(大小)为(140,140),分别调整位置和大小两个属性曲线,如图 9-19 和图 9-20 所示。最后再为该层添加 Gaussian Blur(高斯模糊)特效,Blurriness 的值为 24.3。

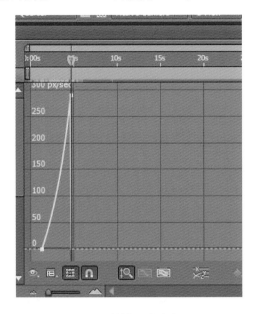

图 9-19　位置运动速度(二)　　　　　　图 9-20　放大动画速度(二)

　　步骤 5:打开图层 1 的可视性,时间设定在 0:00:00:00 处,确认 Position(位置)的值为(960,540),Scale(大小)的值为(100,100),分别打开它们的关键帧按钮。调整时间到 0:00:03:00 处,调整 Position(位置)的值为(967.5,838),Scale(大小)为(157,157),分别调整位置和大小两个属性曲线,如图 9-21 和图 9-22 所示。最后再为该层添加 Gaussian Blur(高斯模糊)特效,Blurriness 的值为 24.3。

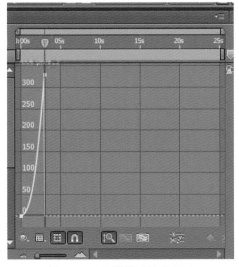
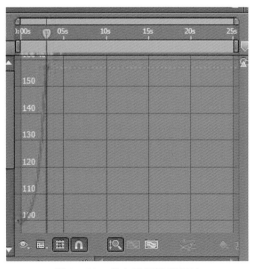

图 9-21　位置运动速度(三)　　　　　　图 9-22　放大动画速度(三)

步骤6：打开图层10的可视性，时间设定在0:00:00:10处，确认Position(位置)的值为(960,540)，Scale(大小)的值为(100,100)，分别打开它们的关键帧按钮。调整时间到0:00:04:01处，调整Position(位置)的值为(367.5,−154)，Scale(大小)为(140,140)，分别为位置和大小两个属性调整曲线，如图9-23和图9-24所示。最后再为该层添加Gaussian Blur(高斯模糊)特效，Blurriness的值为24.3。

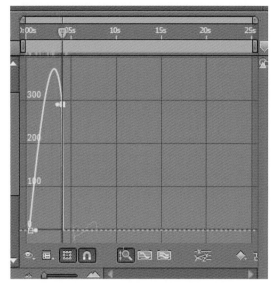

图9-23　位置运动速度(四)

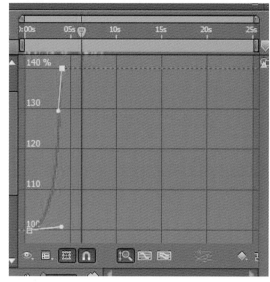

图9-24　放大动画速度(四)

步骤7：打开图层11的可视性，时间设定在0:00:00:16处，确认Position(位置)的值为(960,540)，Scale(大小)的值为(100,100)，分别打开它们的关键帧按钮。调整时间到0:00:08:07处，调整Position(位置)的值为(3266.1,540)，Scale(大小)为(196,196)，分别为位置和大小两个属性调整曲线如图9-25和图9-26所示。最后再为该层添加Gaussian Blur(高斯模糊)特效，Blurriness的值为24.3。

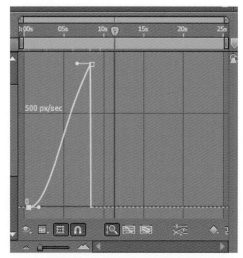

图9-25　位置运动速度(五)

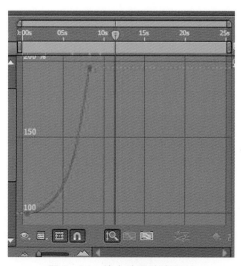

图9-26　放大动画速度(五)

步骤 8:打开图层 12 的可视性,时间设定在 0:00:01:00 处,确认 Position(位置)的值为 (960,540),Scale(大小)的值为(100,100),分别打开它们的关键帧按钮。调整时间到 0:00:07:23 处,调整 Scale(大小)为(196,196),调整时间到 0:00:08:05 处,Position(位置)的值为 (-1254,540),分别为位置和大小两个属性调整曲线,如图 9-27 和图 9-28 所示。最后再为 该层添加 Gaussian Blur(高斯模糊)特效,Blurriness 的值为 24.3。

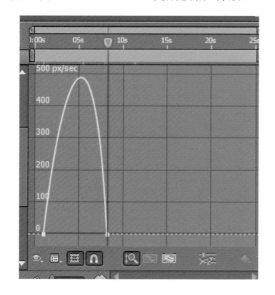

图 9-27 位置运动速度(六)   图 9-28 放大动画速度(六)

步骤 9:打开图层 13 的属性,时间设定在 0:00:00:19 处,确认 Position(位置)的值为 (960,540),Scale(大小)的值为(100,100),分别打开它们的关键帧按钮。调整时间到 0:00:07:06 处,调整 Position(位置)的值为(945,294),Scale(大小)为(140,140),分别为位置和大 小两个属性调整曲线,如图 9-29 和图 9-30 所示。最后再为该层添加 Gaussian Blur(高斯模 糊)特效,Blurriness 的值为 24.3。

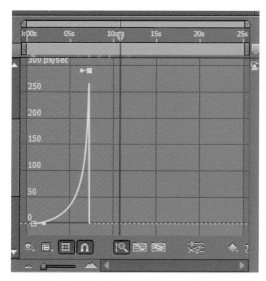
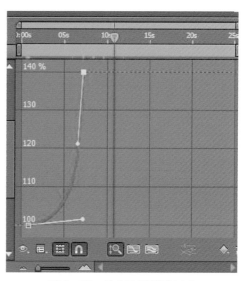

图 9-29 位置运动速度(七)   图 9-30 放大动画速度(七)

步骤 10：打开图层 14 的可视性，时间设定在 0:00:02:24 处，确认 Position（位置）的值为 (960,540)，Scale（大小）的值为 (100,100)，分别打开它们的关键帧按钮。调整时间到 0:00:11:06 处，调整 Position（位置）的值为 (1700,1260)，Scale（大小）为 (196,196)，分别为位置和大小两个属性调整曲线，如图 9 - 31 和图 9 - 32 所示。最后再为该层添加 Gaussian Blur（高斯模糊）特效，Blurriness 的值为 24.3。

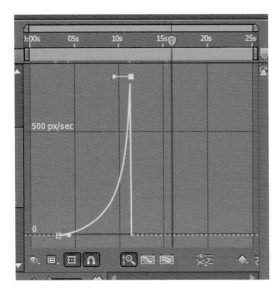

图 9 - 31　位置运动速度（八）　　　　　　图 9 - 32　放大动画速度（八）

步骤 11：打开图层 15 的可视性，时间设定在 0:00:00:15 处，确认 Position（位置）的值为 (960,540)，Scale（大小）的值为 (100,100)，分别打开它们的关键帧按钮。调整时间到 0:00:10:06 处，调整 Position（位置）的值为 (625.5,1214)，Scale（大小）为 (156.2,156.2)，分别为位置和大小两个属性调整曲线，如图 9 - 33 和图 9 - 34 所示。最后再为该层添加 Gaussian Blur（高斯模糊）特效，Blurriness 的值为 24.3。

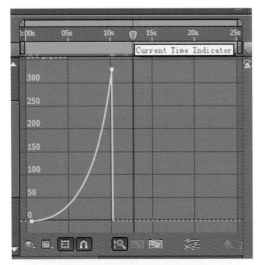
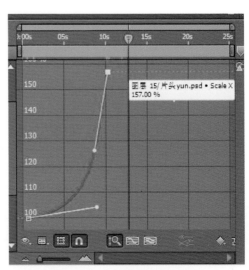

图 9 - 33　位置运动速度（九）　　　　　　图 9 - 34　放大动画速度（九）

步骤 12：打开图层 16 的可视性，时间设定在 0：00：01：00 处，确认 Position（位置）的值为（960,540），Scale（大小）的值为（100,100），分别打开它们的关键帧按钮。调整时间到 0：00：10：01 处，调整 Position（位置）的值为（2060,604），Scale（大小）为（196,196），分别为位置和大小两个属性调整曲线，如图 9 - 35 和图 9 - 36 所示。最后再为该层添加 Gaussian Blur（高斯模糊）特效，Blurriness 的值为 24.3。

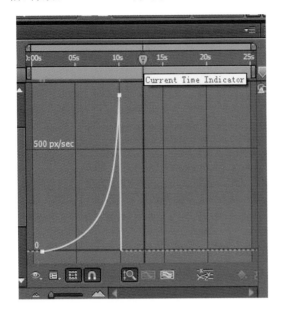

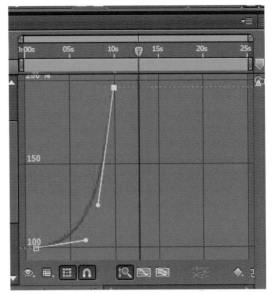

图 9 - 35　位置运动速度（十）　　　　　**图 9 - 36　放大动画速度（十）**

步骤 13：打开图层 17 的可视性，时间设定在 0：00：00：17 处，确认 Opacity（透明度）的值为（100），Scale（大小）的值为（100,100），分别打开它们的关键帧按钮。调整时间到 0：00：09：22 处，调整 Opacity（透明度）的值为（0），Scale（大小）为（500,500），调整大小属性曲线如图 9 - 37 所示。

步骤 14：打开图层 18 的可视性，时间设定在 0：00：01：00 处，确认 Position（位置）的值为（960,540），Scale（大小）的值为（100,100），分别打开它们的关键帧按钮。调整时间到 0：00：09：09 处，调整 Position（位置）的值为（683,102），Scale（大小）为（140,140），分别为位置和大小两个属性调整曲线，如图 9 - 37 和图 9 - 38 所示。最后再为该层添加 Gaussian Blur（高斯模糊）特效，Blurriness 的值为 16.8。

步骤 15：打开图层 19 的可视性，时间设定在 0：00：00：06 处，确认 Scale（大小）的值为（100,100），打开它的关键帧按钮，时间调整到 0：00：01：00 处，Opacity（透明度）的值为（100），打开关键帧按钮。调整时间到 0：00：09：03 处，调整 Scale（大小）为（276,276），调整时间到 0：00：09：18 处，Opacity（透明度）的值为（0），调整大小属性曲线如图 9 - 40 所示。

步骤 16：打开图层 20 的可视性，时间设定在 0：00：00：07 处，确认 Scale（大小）的值为（100,100），打开它的关键帧按钮；调整时间到 0：00：09：04 处，调整 Scale（大小）为（527,527）调整大小属性曲线如图 9 - 41 所示。最后再为该层添加 Gaussian Blur（高斯模糊）特效，Blurriness 的值为 24.3。

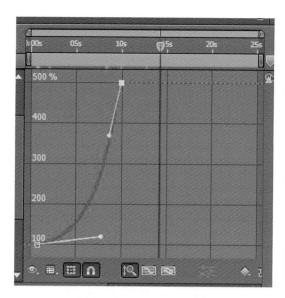

图 9 - 37　放大动画速度(十一)

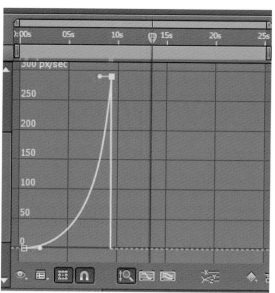

图 9 - 38　位置运动速度(十一)

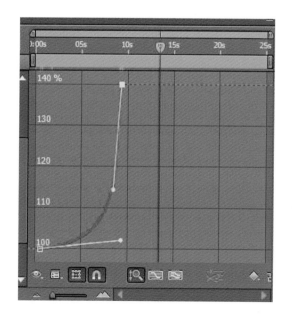

图 9 - 39　放大动画速度(十二)

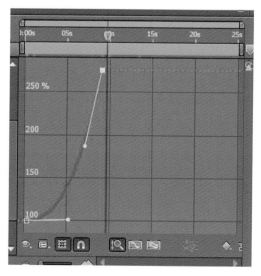

图 9 - 40　放大动画速度(十二)

　　步骤 17：打开图层 4 的可视性,时间设定在 0:00:03:12 处,确认 Position(位置)的值为(960,540),Scale(大小)的值为(100,100),分别打开它们的关键帧按钮。调整时间到 0:00:22:18 处,调整 Position(位置)的值为(-107.5,1092),Scale(大小)为(213,213),分别为位置和大小两个属性调整曲线,如图 9 - 42 和图 9 - 43 所示。最后再为该层添加 Gaussian Blur(高斯模糊)特效,Blurriness 的值为 24.3。

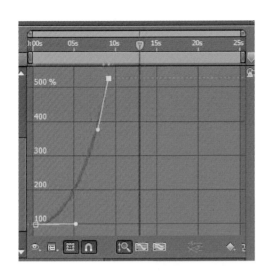

图 9 - 41　放大动画速度(十三)

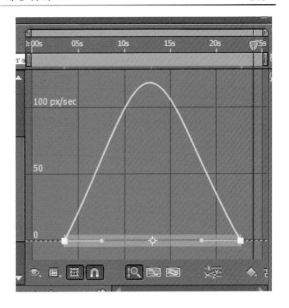

图 9 - 42　位置运动速度(十三)

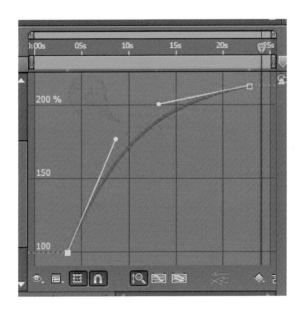

图 9 - 43　放大动画速度(十四)

步骤 18：打开图层 5 的可视性，时间设定在 0:00:03:23 处，修改 Position(位置)的值为 (892,740)，Scale(大小)的值为(100,100)，分别打开它们的关键帧按钮。调整时间到 0:00: 22:15 处，调整 Position(位置)的值为(1123,844)，Scale(大小)为(213,213)，分别为位置和大小两个属性调整曲线，如图 9 - 44 和图 9 - 45 所示。

步骤 19：打开图层 6 的可视性，时间设定在 0:00:06:02 处，修改 Position(位置)的值为 (-411,900)，Scale(大小)的值为(84,84)，分别打开它们的关键帧按钮。调整时间到 0:00: 11:03 处，调整 Scale(大小)为(100,100)，调整时间到 0:00:22:17 处，Position(位置)的值为 (960,900)。最后再为该层添加 Gaussian Blur(高斯模糊)特效，Blurriness 的值为 15.6。

　　步骤 20：打开图层 3 的可视性，复制图层 3，取名图层 3 - 2，放在底层。选择图层 3，为其绘制遮罩，如图 9 - 46 所示。

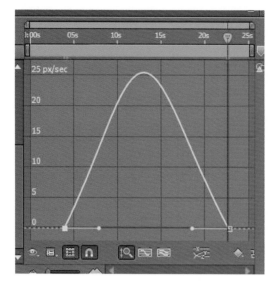

图 9 - 44　位置运动速度(十五)

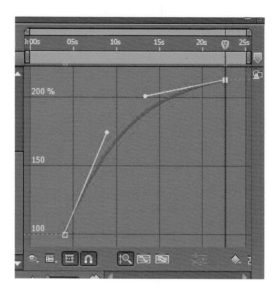

图 9 - 45　放大动画速度(十五)

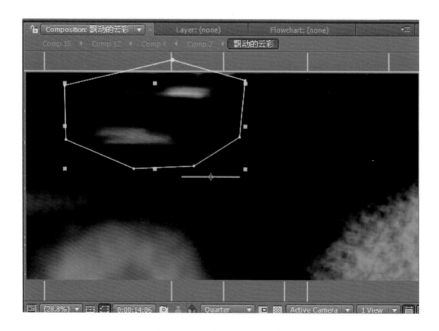

图 9 - 46　遮罩形状(一)

　　时间设定在 0:00:06:16 处，为图层 3 修改 Position(位置)的值为(768,540)，Scale(大小)的值为(81,81)，分别打开它们的关键帧按钮。调整时间到 0:00:10:24 处，调整 Scale(大小)为(90,90)，调整时间到 0:00:22:17 处，Position(位置)的值为(1067,540)。最后再为该层添加 Gaussian Blur(高斯模糊)特效，Blurriness 的值为 12.1。

　　步骤 21：选择图层 3 - 2，为其绘制如图 9 - 47 所示遮罩。

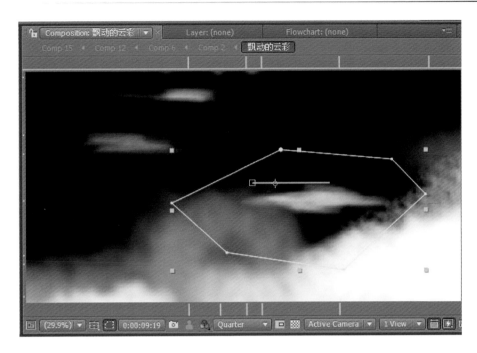

图 9 - 47　遮罩形状(二)

时间设定在 0:00:06:16 处,修改 Position(位置)的值为(1000,523),Scale(大小)的值为(77,77),分别打开它们的关键帧按钮。调整时间到 0:00:10:24 处,调整 Scale(大小)为(100,100),调整时间到 0:00:22:17 处,Position(位置)的值为(1503,523)。

步骤 22:浏览云彩飘动效果,如图 9 - 48 所示。

图 9 - 48　云彩飘动的效果

9.3 水墨基本动画

步骤 1：新建合成，命名"水墨基本动画"，Width（宽）为 1920px，Height（高）为 1080px，Pixel Aspect Ratio 为 D1/DV PAL(1.09)，Duration（持续时间）为 22s 3 帧，Frame Rate（帧速率）为 25。

然后打开 Import File（导入文件）对话框，选择素材"片头 1. PSD"里的水墨山图层 1、图层 2、图层 3、图层 4、图层 6、图层 6 副本 2，如图 9-49 所示。

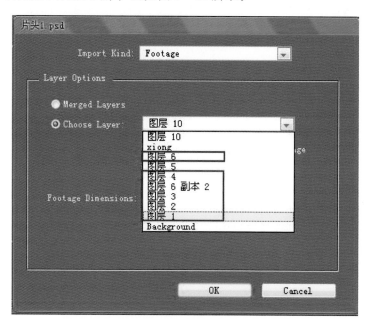

图 9-49 分别导入红色勾选图层

步骤 2：在合成中新建一个白色固态层，然后把刚才导入的素材拖入水墨基本动画中，排列序列如图 9-50 所示。

图 9-50 按顺序排列图层

步骤 3：选择图层 6，为其绘制遮罩，如图 9-51 所示，遮罩羽化值为 178。

步骤 4：把"飘动的云彩"拖入水墨基本动画合成中，放在顶层，预览动画中发现时间到了 3 s 时，白色的云雾略散开，水墨山图层慢慢显现，如图 9-52 所示。

暂时关闭"飘动的云彩"的可视性。

选择图层 6，时间设定在 0：00：03：00 处，修改 Scale（大小）的值为(90,90)，打开它的关键帧按钮。调整时间到 0:00:21:22 处,调整 Scale(大小)为(116,116),Scale(大小)属性调整曲线如图 9-53 所示。

图 9-51　遮罩形状

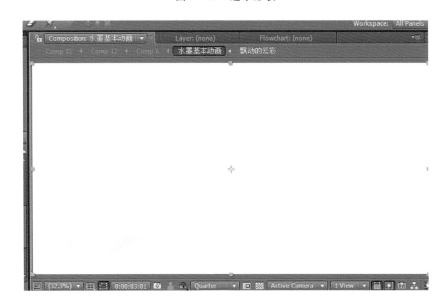

图 9-52　观察后发现 3 s 后云雾散开

　　选择图层 5,时间设定在 0:00:03:04 处,修改 Scale(大小)的值为(98,98),打开它的关键帧按钮。调整时间到 0:00:22:01 处,调整 Scale(大小)为(106,106),Scale(大小)属性调整曲线如图 9-54 所示。

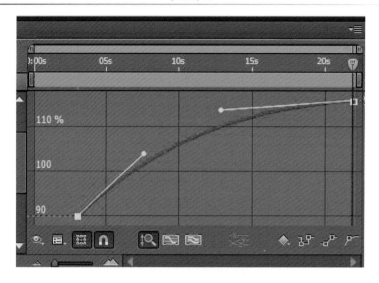

图 9 - 53　调整放大动画速度(一)

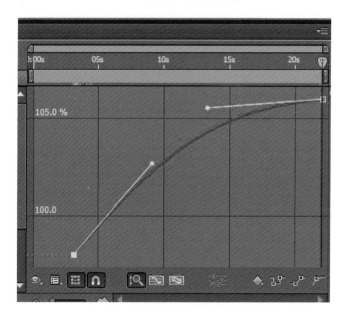

图 9 - 54　调整放大动画速度(二)

选择图层 2,时间设定在 0:00:02:16 处,修改 Scale(大小)的值为(99,99),打开它的关键帧按钮。调整时间到 0:00:22:02 处,调整 Scale(大小)为(103,103),Scale(大小)属性调整曲线如图 9 - 55 所示。

选择图层 4,时间设定在 0:00:02:20 处,修改 Scale(大小)的值为(96,96),打开它的关键帧按钮。调整时间到 0:00:22:06 处,调整 Scale(大小)为(100,100),Scale(大小)属性调整曲线如图 9 - 56 所示。

选择图层 6 副本,时间设定在 0:00:02:18 处,修改 Scale(大小)的值为(98,98),打开它的关键帧按钮。调整时间到 0:00:22:04 处,调整 Scale(大小)为(100,100),Scale(大小)属性调整曲线如图 9 - 57 所示。

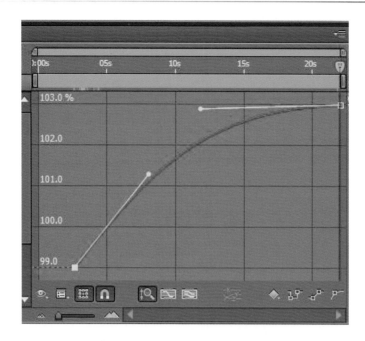

图 9 – 55 调整放大动画速度（三）

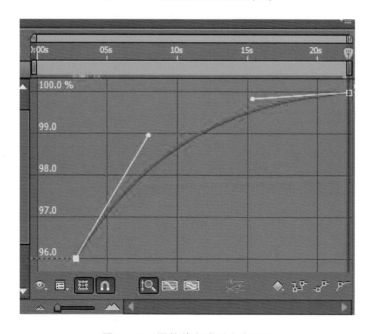

图 9 – 56 调整放大动画速度（四）

选择图层 3,时间设定在 0:00:05:00 处,确定 Position(位置)的值为(960,540),打开它的关键帧按钮;调整时间到 0:00:05:24 处,Scale(大小)的值为(100,100),打开它的关键帧按钮。调整时间到 0:00:21:21 处,Position(位置)的值为(980,540),调整时间到 0:00:22:03 处,调整 Scale(大小)为(103,103)。Position(位置)和 Scale(大小)两个属性调整曲线如图 9 – 58 和图 9 – 59 所示。

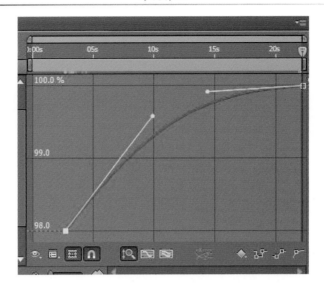

图 9 - 57   调整放大动画速度（五）

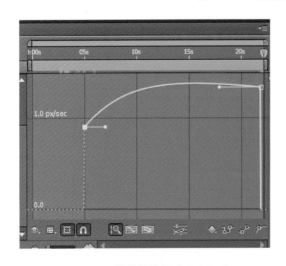

图 9 - 58   调整位置运动速度（一）

图 9 - 59   调整放大动画速度（六）

选择图层 1,时间设定在 0:00:07:11 处,确认 Scale(大小)的值为(100,100),打开它的关键帧按钮。调整时间到 0:00:22:02 处,调整 Scale(大小)为(145,145),Scale(大小)属性调整曲线,如图 9 - 60 所示。

打开"飘动的云彩"合成的可视性,预览动画,可以看到水墨的山在云拨开以后慢慢显现。

步骤 5:把"完善水墨"合成拖入"水墨基本动画"合成中,放在飘动的云彩下方,"完善水墨"时间入点放在 0:00:04:11 处,如图 9 - 61 所示。

选择"完善水墨"层,对其添加 Color Correction/Hue/Saturation,然后降低 Master Saturation(饱和度)的值为 −12,接着提高 Master Lightness(亮度)的值为 19。

把时间调到 0:00:03:06 处,修改该层的 Scale(大小)的值为 98,并打开它的关键帧按钮;调整时间到 0:00:22:03 处,修改 Scale(大小)的值为 106,调节 Scale(大小)的曲线,如图 9 - 62 所示。

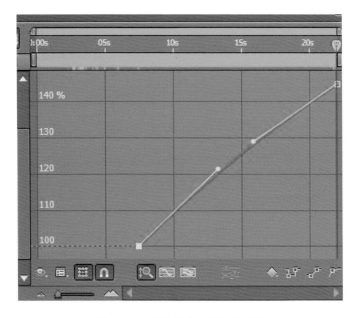

图 9 - 60　调整放大动画速度(七)

图 9 - 61　"完善水墨"图层所放位置和开始时间

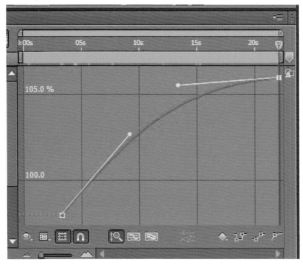

图 9 - 62　调整放大动画速度和起止时间

步骤 6：为了让熊猫和水墨山融合得更好，可以制作熊猫层的影子。复制"完善水墨"层，改名"影子"，把它放在"完善水墨"层的下方。选择"影子"层，修改 Hue/Saturation 特效参数，Master Saturation(饱和度)的值为−81，Master Lightness(亮度)的值为−100。再对其添加 Perspective/Drop Shadow(阴影)特效，修改参数见图 9－63，此处只需要影子，不需要原图像，所以在参数中勾选了 Shadow Only(只有影子)。

图 9－63   Drop Shadow(阴影)特效参数设置

为了影子的效果更真实，对影子的原图像进行绘制遮罩，控制影子的形状，让它的影子更加接近真实，绘制遮罩如图 9－64 所示。

图 9－64   为影子的原图层绘制遮罩

最后修改"影子"层的 Mode(模式)为 Overlay(叠加)，如图 9－65 所示。

步骤 7：新建一个 Adjustment Layer(调节层)，取名"光线 1"，把它放在顶层。为它添加 Light Factory EZ(灯光工厂 EZ)特效。时间调整到 0:00:005:09 处，修改灯光工厂特效参数，修改各项参数后，确定比例的参数为 0.17，打开它的关键帧按钮，如图 9－66 所示。

调整时间到 0:00:10:03 处，修改比例的值为 5。

调整时间到 0:00:07:09 处，打开"光线 1"的 Opacity(透明度)属性，确认 Opacity(透明度)的值为 100 后，打开关键帧按钮；调整时间到 0:00:09:14，修改 Opacity(透明度)的值为 0。

步骤 8：云雾散开，为完善光线感觉，再新建一个 Adjustment Layer(调节层)，取名"光线 2"，为其添加 Light Factory EZ(灯光工厂 EZ)特效。把时间调整到 0:00:08:08 处，设置其特效参数后，打开比例参数的关键帧按钮，如图 9－67 所示。

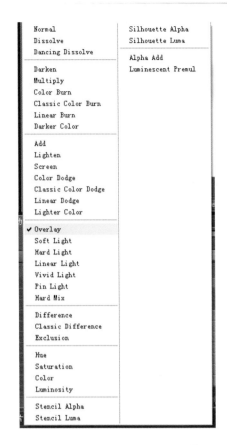

图 9 - 65　Mode(模式)为 Overlay(叠加)

图 9 - 66　Light Factory EZ(灯光工厂 EZ)特效参数设置

图 9 - 67　Light Factory EZ(灯光工厂 EZ)特效参数设置

调节时间到 0:00:10:09 处,修改比例参数的值为 5。

打开"光线 2"的 Opacity(透明度),把时间调整到 0:00:08:08 处,修改 Opacity(透明度)的值为 0;调整时间到 0:00:09:02 处,修改 Opacity(透明度)的值为 80;调整时间到 0:00:10:10 处,修改 Opacity(透明度)的值为 0,如图 9 - 68 所示。

步骤 9:继续添加一个调节层,取名"光线 3",放在顶层。在为其添加 Light Factory EZ 2

图 9 - 68　制作"光线 2"的透明度动画

（灯光工厂 EZ 2）特效，调节时间到 0：00：07：11，修改其特效如图 9 - 69 所示，确定原始灯光位置的值为（1376.3，576），打开它的关键帧按钮。

图 9 - 69　Light Factory EZ2（灯光工厂 EZ）特效参数设置

调整时间到 0：00：10：24，修改原始灯光位置的值为（1376.3，308）。选择"光线 3"，调整原始灯光位置为（1375.6，314）。然后打开它的 Opacity（透明度）属性，调整时间到 0：00：05：20 处，修改 Opacity（透明度）的值为 0；调整时间到 0：00：07：05 处，修改 Opacity（透明度）的值为 100；调整时间到 0：00：07：08 处，修改 Opacity（透明度）的值为 80；调整时间到 0：00：10：22，修改 Opacity（透明度）的值为 0，如图 9 - 70 所示，预览动画。

图 9 - 70　设置透明度动画

9.4　制作文字层动画

步骤 1：新建合成，命名"文字底纹"，Width（宽）为 1920px，Height（高）为 1080px，Pixel Aspect Ratio 为 D1/DV PAL(1.09)，Duration（持续时间）为 22s 1 帧，Frame Rate（帧速率）为 25。

然后新建一个白色固态层，命名"底纹"，为其添加 Fractal Noise（分形噪波）特效。把时间调整到 0：00：00：00 处，修改特效值见图 9 - 71 所示，并打开 Offset Turbulence（絮乱偏移）和 Evolution（演变）的关键帧按钮。

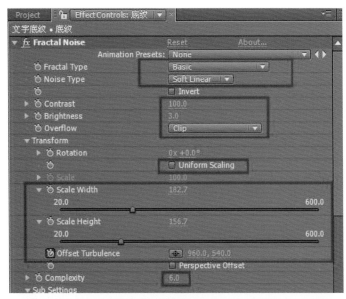

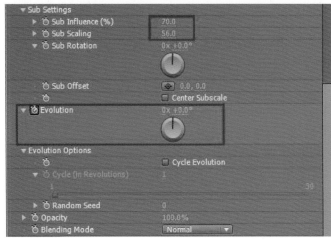

图 9 - 71　Fractal Noise（分形噪波）特效参数设置

调整时间到 0：0：22：01 处，修改 Offset Turbulence（絮乱偏移）的值为(5052,540)，Evolution（演变）的值为(12×＋00)，画面效果如图 9 - 72 所示。

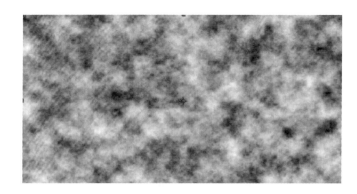

图 9 - 72　噪波效果

接着再为"底纹"层添加 Levels(级别)特效,修改特效参数如图 9 - 73 所示。

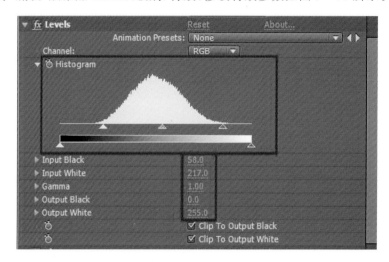

图 9 - 73　Levels(级别)特效参数设置

再为它添加 Glow(辉光)特效,修改特效参数如图 9 - 74 所示。

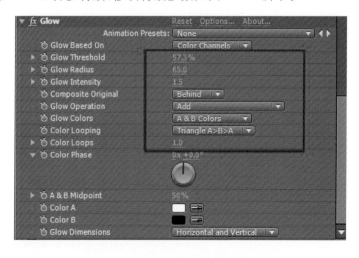

图 9 - 74　Glow(辉光)特效参数设置

最后为其添加 Gaussian Blur(高斯模糊)特效,修改 Blurriness 的值为 32.1,最终效果如图 9 - 75 所示。

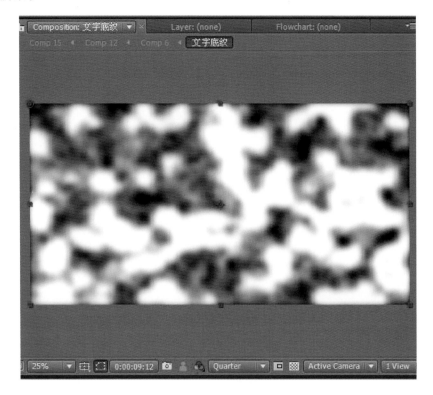

图 9 - 75　最终噪波形态

步骤 2:新建合成,命名"标题",Width(宽)为 1920px,Height(高)为 1080px,Pixel Aspect Ratio 为 D1/DV PAL(1.09),Duration(持续时间)为 22s 1 帧,Frane Rate(帧速率)为 25。

打开 Import File(导入文件)对话框,选择导入"熊猫游记"素材。把导入后的"熊猫游记"拖入"标题"合成中,为了使标题出现不显得单调,需要对标题分成三部分进行制作特效动画。再复制两个"熊猫游记",分别对三个素材进行改名,改为"熊猫"、"游记"、"英文"。再把"水墨基本动画"合成拖入其中,放在底层。选择"熊猫"层,为其绘制遮罩,如图 9 - 76 所示。

图 9 - 76　为"熊猫"层绘制遮罩

选择"游记"层,为其绘制遮罩,如图9-77所示。

图9-77　为"游记"层绘制遮罩

选择"英文"层,为其绘制遮罩,如图9-78所示。

图9-78　为"英文"层绘制遮罩

然后选择"熊猫"层,对其添加Hue/Saturation特效,把亮度值改为100,黑字变成白字。

调整时间到0:00:16:01处,调整"熊猫"层的Scale(大小)为100,Opacity(透明度)的值为0,打开它们的关键帧按钮;调整时间到0:00:17:10处,Opacity(透明度)为100,调整时间到0:00:22:03处,修改Scale(大小)的值为117,并打开该层的运动模糊开关。

还是选择该层,再为其绘制一个椭圆遮罩2,如图9-79所示。

修改该层遮罩2的混合模式为Instersect,如图9-80。然后修改Mask Expansion的值为-51。

调整时间到0:00:16:03处,选该层遮罩2,并打开Mask Path的关键帧按钮,制作遮罩变形动画。

调整时间到0:00:22:03处,调整遮罩2的大小,如图9-81所示。

图 9 - 79 绘制椭圆遮罩

None
Add
Subtract
✔ Intersect
Lighten
Darken
Difference

图 9 - 80 遮罩 2 的混合模式

图 9 - 81 遮罩 2 变化后的形状

步骤3：复制"熊猫"层，取名"熊猫2"，再把"文字底纹"合成拖入熊猫2的下方。

调整时间到 0:00:16:00 处，把"文字底纹"时间入点调到此处。

调整时间到 0:00:17:07 处，把"文字底纹"层的结束点调整到此处。然后再修改 Trkmat 为 Alpha Matte"熊猫2"，如图 9-82 所示。

图 9-82 制作"文字底纹"的遮罩

步骤4：选择"熊猫2"，调整时间到 0:00:16:24 处，打开该层基本属性，把 Opacity（透明度）的最后一个关键帧拖到此处；再修改时间到 0:00:17:08 处，Opacity（透明度）的值为 0，最后打开动态模糊开关，如图 9-83 所示。

图 9-83 微调"熊猫2"的透明度动画

步骤5：选择"游记"层，调整时间到 0:00:17:08 处，修改该层 Position（位置）的值为 (2009,556)；调整时间到 0:00:17:13 处，修改 Position（位置）的值为 (945,556)；调整时间到 0:00:17:14 处，修改 Position（位置）的值为 (979,556)；调整时间到 0:00:17:15，修改 Position（位置）的值为 (955.5,556)；调整时间到 0:00:17:17，修改 Position（位置）的值为 (966,556)；调整时间到 0:00:17:19，修改 Position（位置）的值为 (960,556)。调整时间到 0:00:15:23 处，选择"游记"层的 Scale（大小），确认该值为 100，打开它的关键帧按钮；调整时间到 0:00:22:01 处，修改 Scale（大小）的值为 116.7。调整结束后打开该层的动态模糊开关。

步骤6：选择"英文"层，调整时间到 0:00:17:12 处，修改该层 Position（位置）的值为 (-368.3,550)；调整时间到 0:00:17:17 处，修改 Position（位置）的值为 (959.4,550)；调整时间到 0:00:17:18 处，修改 Position（位置）的值为 (900,550)；调整时间到 0:00:17:19，修改 Position（位置）的值为 (932,550)；调整时间到 0:00:17:20，修改 Position（位置）的值为 (917.3,550)；调整时间到 0:00:17:22，修改 Position（位置）的值为 (923.2,550)。调整时间到 0:00:17:10 处，选择该层的 Scale（大小），确认该值为 100，打开它的关键帧按钮；调整时间到 0:00:

22:01 处,修改 Scale(大小)的值为 110。调整时间到
0:00:17:12 处,选择该层的 Opacity(透明度),确认该
值为 4,打开它的关键帧按钮;调整时间到 0:00:17:20
处,修改 Opacity(透明度)的值为 100。调整结束后打
开该层的动态模糊开关,预览动画。

　　步骤 7:选择工具栏中的文字工具,选择竖向文
字输入。在屏幕的右边输入文字"传说中有个部落",
字体、字号如图 9-84 所示。

　　调整好文字后,对文字层做一个遮罩动画,让文
字由上向下逐渐出现。选择文字层,调整时间到
0:00:03:20 处,给文字层绘制遮罩如图 9-85 所示。
绘制好后打开 Mask Path 的关键帧按钮。

图 9-84　字符设置

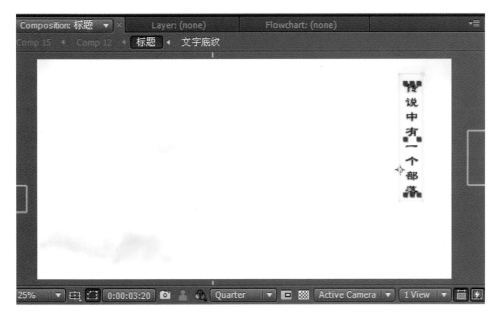

图 9-85　绘制遮罩形状

调整时间到 0:00:01:07 处,调整该文字层遮罩形状,如图 9-86 所示。

调整时间到 0:00:04:13 处,选择该层的 Opacity(透明度)属性,确认值为 100,打开它的
关键帧按钮;调整时间到 0:00:05:04 处,修改 Opacity(透明度)的值为 0。

如上述方式,三次分别在同样位置输入三段文字:"与世隔绝"、"部落里住着一只熊猫"、
"他立志要成为一名旅行家"。三段文字分别做与"传说中有一个部落"一样的遮罩动画和透明
度动画。按照顺序前一段文字消失后,后一段文字出现。效果如组图 9-87 所示。

步骤 8:在标题完全出现后,让背景从清晰到模糊,突出标题。选择"水墨基本动画"层,对
其添加 Gaussian Blur 特效,调整时间到 0:00:17:08 处,修改 Blurriness 的值为 0,打开其关键
帧按钮;调整时间到 0:00:18:12 处,修改 Blurriness 的值为 9.9,如图 9-88 所示。

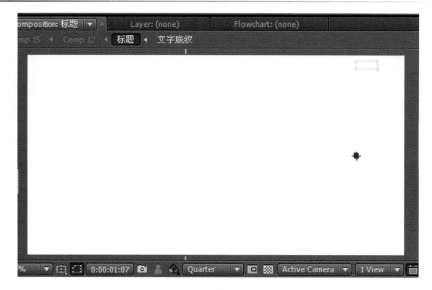

图 9 - 86　调整遮罩形状

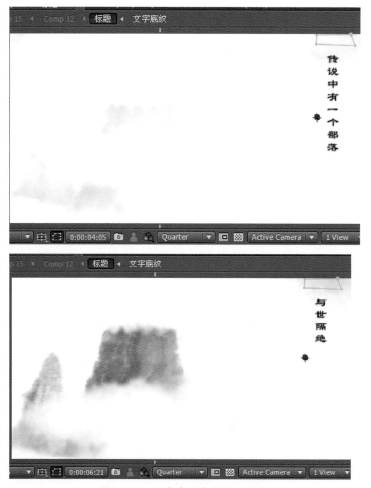

图 9 - 87　文字先后出现然后消失

图 9 - 87　文字先后出现然后消失（续）

图 9 - 88　标题出现，背景模糊

9.5　制作熊猫手掌效果

步骤 1：新建合成，命名"圆环"，Width（宽）为 1920px，Height（高）为 1080px，Pixel Aspect Ratio 为 D1/DV PAL(1.09)，Duration（持续时间）为 22s 2 帧，Frane Rate（帧速率）为 25。

在合成中新建白色固态层，对其绘制圆形遮罩，遮罩大小如图 9 - 89 所示，修改 Mask Feather 的值为 59。

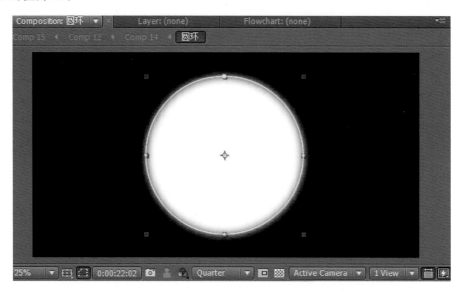

图 9 - 89　遮罩绘制白色圆

然后在该层下复制遮罩 1，得到遮罩 2 后，调整遮罩 2 的大小如图 9 - 89 所示，并修改遮罩 2 的混合模式为 Subtract（减法），修改 Mask Feather 的值为 71，效果如图 9 - 90 所示。

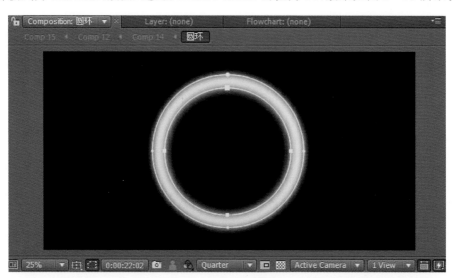

图 9 - 90　制作出圆环

步骤 2：新建合成，命名"圆环放大"，Width（宽）为 1920px，Height（高）为 1080px，Pixel Aspect Ratio 为 D1/DV PAL（1.09），Duration（持续时间）为 22s 2 帧，Frane Rate（帧速率）为 25。

把"圆环"合成拖入其中，调整时间到 0:00:00:00 处，修改圆环层的基本参数并打开 Scale（大小）的关键帧按钮，如图 9－91 所示。

图 9－91　设置 Scale（大小）的关键帧

调整时间到 0:00:01:17 处，修改 Scale（大小）的值为 608。然后选择 Scale（大小），打开曲线编辑器开关。调整放大速度，如图 9－92 所示。

图 9－92　修改放大动画的速率

步骤 3：新建合成，命名"熊猫手掌"，Width（宽）为 1920px，Height（高）为 1080px，Pixel Aspect Ratio 为 D1/DV PAL（1.09），Duration（持续时间）为 22s 2 帧，Frane Rate（帧速率）为 25。

把"标题"合成放入其中，复制"标题"层，取名标题 2。

打开 Import File（导入文件）对话框，选择素材"爪子 4"，导入素材，如图 9－93 所示。

把导入的素材"爪子 4"拖入"熊猫手掌"合成中，放在顶层，然后把"圆环放大"合成也拖入其中，放在"标题 2"层的上方，把"圆环放大"层的时间入点放在 0:00:18:17 处。

开始制作爪子从前方砸向屏幕动画。选择"爪子 4"层，调整时间到 0:00:18:21 处，打开该层的基本属性，修改 Position（位置）的值为（1500，343），并打开它的关键帧按钮；调整时间到 0:00:22:00 处，修改 Position（位置）的值为（1551，312.4）。调整时间到 0:00:18:11 处，修

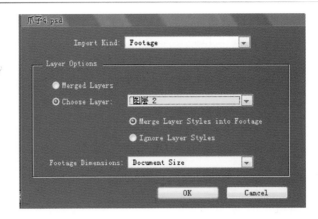

图 9 - 93　导入素材"爪子 4"

改该层的 Scale(大小)的值为(212.5,212.5),并打开它的关键帧按钮;调整时间到 0:00:18:16 处,修改该层的 Scale(大小)的值为(6,6);调整时间到 0:00:18:17 处,修改该层的 Scale(大小)的值为(12,12;调整时间到 0:00:18:19 处,修改该层的 Scale(大小)的值为(9,9);调整时间到 0:00:18:21 处,修改该层的 Scale(大小)的值为(10,10);调整时间到 0:00:22:01 处,修改该层的 Scale(大小)的值为(11,11)。调整时间到 0:00:18:02 处,修改该层 Opacity(透明度)值为 0,并打开它的关键帧按钮;调整时间到 0:00:18:20,Opacity(透明度)值为 100。打开该层的运动模糊开关。

图 9 - 94　Tint 特效颜色设置

接着我们把爪子改变成红色,为该层添加 Color Correction/Tint 特效,调整特效参数如图 9 - 94 所示。

继续为该层添加 Color Correction/Hue/Saturation 特效,调整特效参数如图 9 - 95 所示。

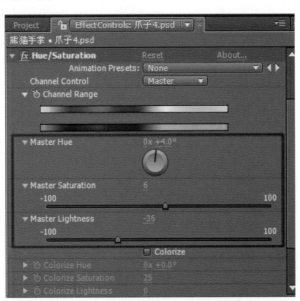

图 9 - 95　Hue/Saturation 特效参数设置

继续为该层添加 Drop Shadow 和 Gaussian Blur 特效,调整特效参数如图 9 - 96 所示。

图 9 - 96　Drop Shadow 和 Gaussian Blur 特效参数设置

当爪子砸向屏幕的时候,希望屏幕起一个波澜的变化,利用将开始做得的圆环放大,在配合置换贴图特效,做出这个感觉。选择"标题 2"层,为其添加 Distort/Displacement Map 特效,参数设置如图 9 - 97 所示。

图 9 - 97　Displacement Map 特效参数设置

预览动画。

步骤 1:新建合成,命名"最终效果",Width(宽)为 1920px,Height(高)为 1080px,Pixel Aspect Ratio 为 D1/DV PAL(1.09),Duration(持续时间)为 22s 2 帧,Frane Rate(帧速率)为 25。

把"熊猫手掌"合成拖入其中,复制"熊猫手掌"层,取名"熊猫手掌 2"。选择"熊猫手掌 2",对其添加 Gaussian Blur(高斯模糊)特效,设置 Blurriness 的值为 30.6。修改该层的混合模式为 Lighten,修改该层的透明度为 40,如图 9-98 所示。

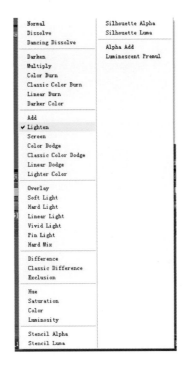

图 9-98　混合模式为 Lighten

步骤 2:新建一个调节层,放在顶端,为其添加 Cenerate/4-Color Gradient(4 色渐变)特效,调整颜色及位置参数如图 9-99 所示。然后修改该层的混合模式为 Soft Light(柔光),修改该层的 Opacity(透明度)的值为 50。

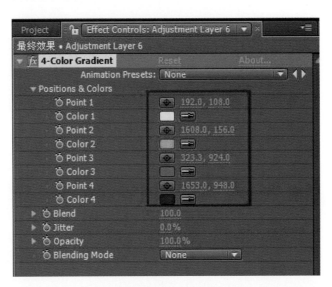

图 9-99　4-Color Gradient(4 色渐变)特效参数设置

步骤 3：此时在时间线面板中，可以看到，由众多简单而有序的素材，经过精心制作的关键帧动画，层与层之间相互嵌套，复杂的组合，至此，一个完整的熊猫游记的片头动画已制作完成，预览动画，如组图 9 - 100 所示。

图 9 - 100　最终效果